自然传奇

远离病毒

主编：杨广军

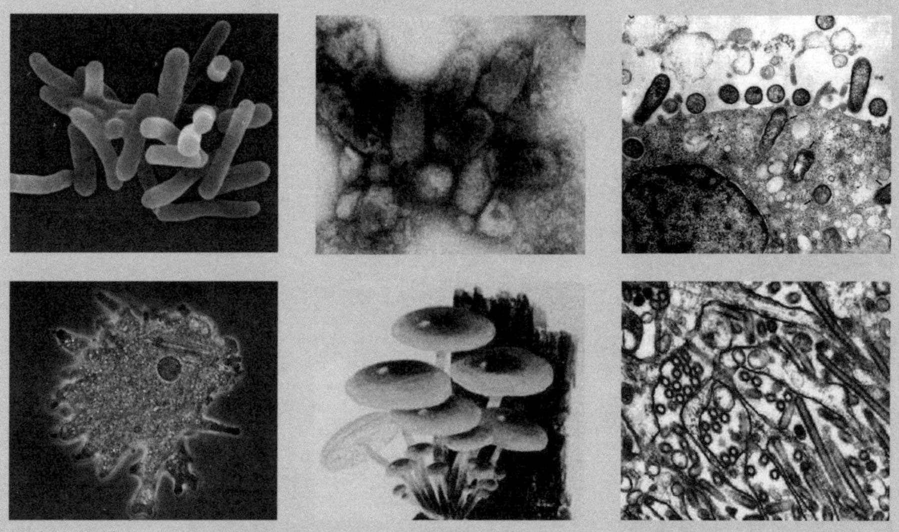

花山文艺出版社
河北·石家庄

图书在版编目（CIP）数据

远离病毒 / 杨广军主编. —石家庄 ：花山文艺出版社，2013.4（2022.3重印）

（自然传奇丛书）

ISBN 978-7-5511-0930-7

Ⅰ.①远… Ⅱ.①杨… Ⅲ.①病毒—青年读物②病毒—少年读物 Ⅳ.①Q939.4-49

中国版本图书馆CIP数据核字（2013）第080115号

丛 书 名：自然传奇丛书
书　　名：远离病毒
主　　编：杨广军

责任编辑：贺　进
封面设计：慧敏书装
美术编辑：胡彤亮
出版发行：花山文艺出版社（邮政编码：050061）
（河北省石家庄市友谊北大街 330号）
销售热线：0311-88643221
传　　真：0311-88643234
印　　刷：北京一鑫印务有限责任公司
经　　销：新华书店
开　　本：880×1230　1/16
印　　张：10
字　　数：150千字
版　　次：2013年5月第1版
2022年3月第2次印刷
书　　号：ISBN 978-7-5511-0930-7
定　　价：38.00元

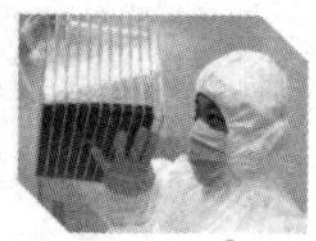

目 录

◎ 病毒的发现历程 ◎

隐形的杀手——从天花病毒谈起 …… 3
冒水珠的花瓶——能通过瓷滤菌器的病毒 …… 9
一波三折——烟草花叶病毒的发现 …… 12
“吃”细菌的病毒——噬菌体的发现 …… 18
硕果连连——病毒现形记 …… 24

◎ 人类与病毒 ◎

人类历史的大劫难——世界瘟疫史 …… 31
守住三道防线，打造健康生活——人体的防御系统 …… 38
主动出击，克敌制胜——病毒性疾病的治疗 …… 43
谨防病从口入——食品与病毒 …… 51
潜水杀手——水体中的病毒 …… 60
地底下的战争——土壤与病毒 …… 67
空中杀手——大气环境中的污染病毒 …… 72

◎ 探秘病毒 ◎

追根溯源——病毒的起源学说 …………………………………… 81
生命边缘的生物体——病毒 …………………………………… 86
病毒万花筒——形形色色的病毒 ……………………………… 91
身份大揭秘——病毒的化学成分与结构 ……………………… 95
分门别类——病毒的分类 ……………………………………… 99
近看江湖恩怨情仇——病毒的生存环境 ……………………… 103
纯洁无瑕——病毒的培养与纯化 ……………………………… 107
众里寻它千百度——病毒的鉴定 ……………………………… 113

◎ 病毒性疾病 ◎

乙肝——医学上的难题,被夸大的恐惧 ……………………… 119
SARS——一场突如其来的灾难 ………………………………… 126
流感——再度来袭是何时 ……………………………………… 134
禽流感——如此善变似曾相识 ………………………………… 142
艾滋病——病毒中的死神 ……………………………………… 148

病毒的发现历程

人类的每一次发现，都经历了漫长而曲折的过程。发现是令人振奋的，然而，发现的过程往往遭受了很多次失败，乃至几代人前赴后继的努力。失败之后，是放弃，还是继续探索？哪里才是突破口？

跟随科学发现的脚步，体验发现之路默默无闻的旅程和到达终点一鸣惊人的成就，那是一种怎样的人生经历？怎样的心路历程？

人类用自己智慧的大脑在改变着自然，人类在自然面前是强大的，还是渺小的？

带着这些问题，让我们一起翻开病毒的发现史……

隐形的杀手
——从天花病毒谈起

在人类意识到病毒这类生物存在之前，由天花病毒引起的天花疾病早已横行天下、杀人无数了。天花可能起源于古印度或埃及。在公元前1000多年前保存下来的埃及木乃伊身上就有类似天花的痘痕。公元6世纪，天花在中东地区流行，部分国家死亡人口甚至达到了全国总人口数的15%。相传曾经不可一世的古罗马帝国就是因为天花的肆虐，内忧加上外患而逐步走向衰亡的。到了18世纪，全欧洲死于天花的人数已高达1.5亿。

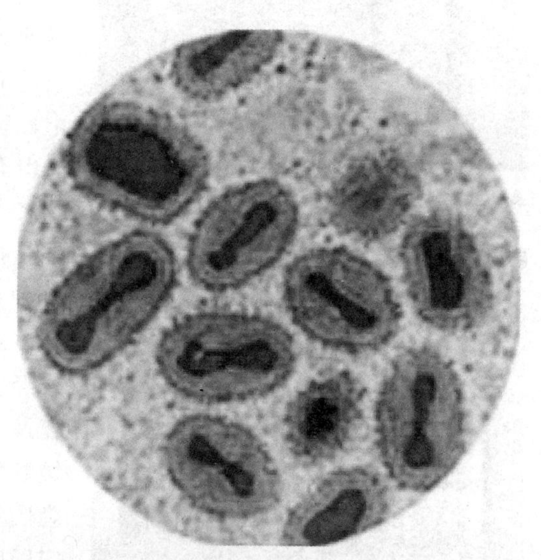

▲电子显微镜下的天花病毒

天花，古称“虏疮”，中医称之为“痘疮”，民间的叫法是“出疹”或“出痘”。人感染了天花病毒后，较轻的症状是头痛、发高烧、皮肤上长满水泡等，痊愈后脸上会留下疤痕，“天花”即由此得名。天花病毒具有很强的传染性，而且此病还可能诱发败血症、骨髓炎、脑炎等并发症，故致死率极高，每4名患者当中便会有1人死亡。

天花的泛滥，在人类的历史上留下了痛苦的记忆。美国总统托马斯·杰斐逊曾说过：“后世通过历史可以看到，天花留下来的只有可恶的东西。”

中国人发明人痘接种术

▲《痘诊定论》

▲《种痘新书》

▲痘衣法指穿天花患者患病时所穿的衣服预防天花

当印度还在以迷信的方式对付天花时，我国已开始采取积极的预防措施。

天花虽无特效药医治，但却可以通过种痘的方法来预防疾病的发生。清代医学家朱纯嘏在《痘疹定论》中记载，宋真宗年间，四川峨眉山有一医者能种痘，曾为宰相王旦之子王素种痘成功。所谓种痘，即是把天花患者身上水泡中的脓液接种到健康人的身上。到了明代，随着对传染病认识的加深和治疗痘疹经验的丰富，人痘接种术已开始普及。清代医家俞茂鲲在《痘科金镜赋集解》中写道：“种痘法起于明隆庆年间（公元 1567 年～1572 年），宁国府太平县，姓氏失考，得之异人丹徒之家，由此蔓延天下，至今种花者，宁国人居多。”清初医家张璐在他的著作《医通》中综述了痘浆、旱苗、痘衣等多种预防接种的方法。

人痘接种术的发明为人类预防天花提供了比较有效的方法。清代医学家张琰在他的《种痘新书》中写道：“种痘者八九千人，其莫救者，二三十耳。”清代名医徐灵胎对

人痘接种术称赞有加，他说："痘疮无人可免，自种痘之法起，而笑儿方有避险之路……然往以种痘仍有死者，疑而不敢种，不知乃苗之不善，非法之不善也。况即有死者，不过百中不一，较之天行恶痘十死八九者，其安危相去何如也。"由于人痘接种术效果显著，因此受到了日、朝、俄、英等国的重视。17世纪末，俄国政府乘中俄尼布楚条约签订之机，派遣留学生来华学习人痘接种术。1764年，俄国女皇叶卡特琳娜二世率先接种了人痘。截至18世纪中叶，我国发明的人痘接种术已传遍欧亚各国。

▲取患者痘浆接种于鼻孔叫作"鼻苗法"

中国人痘接种术的发明，是对人工特异性免疫方法的一项重大贡献，拯救了世界上数以千万计的生命。18世纪法国启蒙思想家、哲学家伏尔泰曾在《哲学通讯》中写道："我听说一百多年来，中国人一直就有这种习惯，这是被认为全世界最聪明最讲礼貌的一个民族的伟大先例和榜样。"

尽管人痘接种术在预防天花的发生方面取得了显著的成效，但此法仍存在不足。种人痘的方法非常复杂，首先要给被接种的人频繁地放血，故意削弱他的抵抗力，然后让他服用一种特制的汤药。为了有利于汤药的吸收，在服药期间，这个被接种的人每天只能吃很少的食物，最后才能给他接种人痘，整个过程要持续6个星期。即便是这样，许多人后来仍然染上天花，送了性命。

琴纳发明牛痘接种术

▲爱德华·琴纳

在预防天花方面，克服人痘接种术的弊端，取得真正意义上突破的是英国人爱德华·琴纳。1796 年，英国乡村医生琴纳在中国人痘接种术的基础上，发明了牛痘接种术。

小资料——琴纳与小男孩

有一天，琴纳偶然听人谈起，牧场里的挤奶女工因为得过“牛痘”，因而终身不会传染上天花。他作了调查，证实情况属实。这是什么缘故呢？琴纳请教了一些著名的医学专家，可是专家们却勃然大怒：“岂有此理，牲畜身上长的玩意儿怎么能够接种到人身上！”

于是琴纳打起行装，到乡下去，年复一年地蹲在牛棚里观察奶牛出痘的情况。原来，牛痘是发生在奶牛和其他牲畜身上的一种疾病，症状很像天花，当牲畜发病时，身上也会长出许多充满脓液的水泡。女工在挤奶的时候，手上沾上牛痘的脓液，就会感染上牛痘病。不过，得牛痘并没有什么危险，只不过发几天低烧、长一两个小水泡罢了，而且复原以后，可以终身对天花免疫。

经过多年研究，琴纳做了一次决定性的实验。1796 年 5 月 14 日，琴纳找到一个正在患牛痘病的挤奶女工，他把一根细针刺进女工手臂上的水泡里，沾了一

点脓液，然后用这根针划破了一个从未出过牛痘也没染过天花的小男孩的皮肤。

从第二天开始，小男孩开始发低烧，胖乎乎的胳膊上生出了一个小水泡。但是到了第8天，他的烧开始减退，水泡也逐渐消失，只是在原来生水泡的地方，留下了一个小小的疤痕。

6个星期以后，琴纳冒着极大的风险，又用一根刺过天花水泡的针划破这个小男孩的皮肤。他辗转反侧，夜不成眠，提心吊胆地注意着这个小男孩的每一个变化。但是几个星期过去了，小男孩安然无恙，小男孩对天花免疫了。

▲爱德华·琴纳

后来经过不断完善发展，牛痘术逐步得以推广运用，并传布到世界各地，效果非常理想。琴纳由此被称为天花的征服者。

牛痘接种术传回中国

▲乔治·托马斯·斯当东

在牛痘接种术试种成功后不久，英国人就开始向中国传播此技术了。1803年6月，时任英国驻印度总督的庞贝曾给东印度公司驻华商馆写信，希望将在印度已推广的牛痘接种术传入中国，并寄送了一批疫苗。由于路途遥远，这些疫苗未能成活。但英国人向中国介绍牛痘接种术的努力并未就此停止。此后不久，英国东印度公司的医生亚历山大·皮尔逊在华为中国人试种牛痘并取得了成功。为了在中国推广这项新的医疗技术，皮尔逊还编写了一本小册子，专门介绍接种牛痘的方法。

1805年，由乔治·托马斯·斯当东翻

译的皮尔逊介绍牛痘接种术的小册子正式出版，定名为《新订种痘奇法详悉》，封面题为《英吉利国新出种痘奇书》，第一版刊印了200余册。书分为两部分：一部分是图解，分别介绍了牛痘的接种部位、接种工具、接种成功后的出痘形状；另一部分为正文，详细介绍了天花在欧洲流行的情况，人痘术在欧洲接种的情况，琴纳发明的牛痘术及其与人痘术的区别、优势，牛痘具体的接种方法及注意事项等。该书通俗易懂，简明扼要，非常实用。

斯当东去世后，英国政府为了纪念他，将香港的一条主要街道命名为士丹顿街（Staunton香港译名为士丹顿）。

《英吉利国新出种痘奇书》刊行后，牛痘接种术开始在中国广泛传播，使中国人对牛痘接种术有了比较详尽的了解。中国开始有了第一批学习和传播西方牛痘术的中医师，各地纷纷设立种痘公局，中国人防治天花进入了一个新的阶段。

1980年5月，世界卫生组织正式宣布人类成功地消灭了天花，天花成为少有的被人类征服的强传染性疾病。正如中国的人痘接种术传到英国，英国改良的牛痘接种技术又传回中国，人类征服天花的历程是东西方互动与交流的结果，这也为人类战胜其他疾病树立了成功的典范。

冒水珠的花瓶
——能通过瓷滤菌器的病毒

工欲善其事，必先利其器。

1665 年，英国的罗伯特·胡克用自己研制的显微镜观察到了软木塞切片中的一个个小室，将之命名为细胞。

1673 年，荷兰的列文·虎克用自制的能放大 200 多倍的显微镜观察到了细菌。

能观察到比细菌小 1000 多倍的病毒的显微镜是在 1931 年发明的，可人们却在此之前就知晓了病毒的存在，究竟发现病毒的利器是什么呢?

▲罗伯特·胡克

▲胡克的显微镜

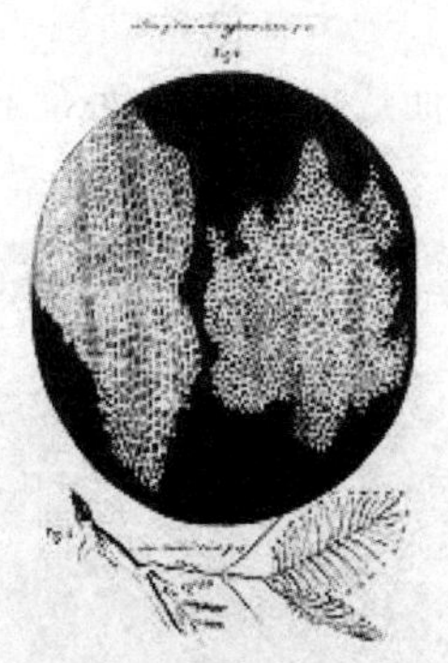
▲软木塞的细胞结构

滤菌器的发明

在生命科学史上，整个 19 世纪是一个以细菌为主题的时代。当时，科学家们已掌握了实验室的细菌培养技术，但是，要想从细菌的培养液中把细菌找出来却只能靠运气，当时还没有好方法。什么东西具有极其微小的孔径能将肉眼看不到的细菌从培养液中过滤出来呢? 法国巴斯德和尚博朗的实验室也在为这个难题发愁。

科学家名片

巴斯德

路易斯·巴斯德（Louis Pasteur，1822～1895），法国微生物学家、化学家，近代微生物学的奠基人。巴斯德一生进行了多项探索性的研究，在战胜狂犬病、鸡霍乱、炭疽病及蚕病等方面都取得了重大成果，他成功地挽救了处于困境中的法国畜牧业、养蚕业和酿酒业，他对饮料加热灭菌的方法，被后人称为巴氏消毒法。英国医生李斯特据此解决了创口感染问题。从此，整个医学迈进了细菌学时代，得到了空前的发展，人们的寿命因此而在一个世纪里延长了三十年之久。

一天，尚博朗碰巧看到陶瓷花瓶的瓶身上有水珠，他想是空气遇冷凝结而成的，他转而拿起花瓶旁边的咖啡，呷了一口，可惜，咖啡已放凉了。“不对！”尚博朗看看咖啡杯，又看看花瓶，心想：“在同样的环境下，要是冷凝，咖啡杯上怎么会没有水珠呢？”于是，他拿起花瓶开始推敲起来：“难道这水珠是从花瓶的孔隙中渗出来的？”

▲不上釉的花瓶外的水来自哪里？

有了想法就该论证了，尚博朗先用染料泡了一杯红色的水，然后分别倒进花瓶和咖啡杯。要是这次花瓶的瓶身上出现红色的水珠就对了。可惜等了半天，水珠跟之前看到的一样，是透明的。但是，咖啡杯上也依然没有水珠。

不弄明白决不罢休！尚博朗这次找到了法国有名的陶瓷工厂，订制了

不同孔隙的瓷瓶，并要求工厂不要上釉。他用这些特制的烛形瓷瓶又做了实验，先将水灌进瓶子，再检验瓶内、外的水。这次，正如他所料，显微镜下能观察到瓶内水样中的微生物，而瓶外的水样中就看不到那些小东西了。随后，他又用细菌的培养液试了一次，细菌“太胖了”以至于穿不过瓷过滤器的筛孔，都被囚禁在了瓶内！终于找到能过滤出细菌的工具了！

发现病毒的利器

滤菌器因形似蜡烛、由尚博朗发明，故命名为尚博朗氏烛形滤器。又因尚博朗是巴斯德的助手，所以也称巴斯德及尚博朗过滤器。滤菌器由陶瓷制成，滤孔的孔径小于细菌的大小。

▲尚博朗和他发明的烛形滤器

后来，科学家们发现，不论将滤菌器的微孔做得多么细小，仍然有一些不明的致病原可以通过，那就是病毒。尚博朗氏烛形滤器的发明本是用来筛细菌的，却让查理斯·尚博朗在病毒学上留名。正是由于尚博朗的细心观察与大胆尝试使得发现病毒之路向前迈进了一大步，也使得科学研究史上又多一趣谈、美谈！

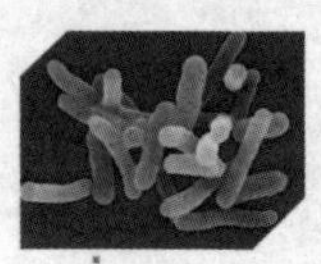

一波三折
——烟草花叶病毒的发现

尽管某些已知是由病毒引起的疾病早有史料记载，但直至19世纪末，导致烟草植物出现花叶病的病因——一种前所未料的新生物——病毒被发现，才真正拉开了病毒学研究的序幕。对发现病毒作出贡献的是该领域的三位先驱者，他们的名字是：阿道夫·梅尔、伊凡诺夫斯基和贝杰林克。

▲阿道夫·梅尔

▲伊凡诺夫斯基

▲贝杰林克

为了能够认识这一发现的重大意义，首先，我们有必要对19世纪末疾病病原学的发展状况有所了解。在那个时代，由于巴斯德、李斯特和科赫等科学家的杰出工作使得炭疽病和肺结核病的病因得以发现，因此人们认识到，许多疾病是由传染源引起的。而且，经由科赫提出了鉴定某一特定疾病是由某种特定微生物引起时所要遵循的几个步骤。这些步骤后来被称为“科赫法则”，科赫法则包含以下4个要点：1. 首先确定某种微生物与某种病理状况的恒定关系，即人们总是可以在有同样病症的个体中观察到有同样的病原体存在；2. 分离这些致病微生物并在实验室进行纯培养；

3. 将培养的病原体接种于健康动物身上并能表现出这种疾病特有的症状和特性；4. 从这些发病的动物个体中仍然可以分离到同种微生物。

科赫法则的提出针对的是动物疾病与致病菌。每一种传染病都是由一种致病菌引起的，且能在显微镜下观察到致病菌，这一观点占据着当时科学家们的头脑，人们很难想象会有比细菌还小1000多倍的病原微生物的存在。

科学家名片

科 赫

科赫（Robert Koach，1843～1910），德国细菌学家、医学家，曾获1905年诺贝尔生理学和医学奖。他有以下多个“第一次”：

世界上第一次发明了细菌照相法；

世界上第一次发现了炭疽热的病原细菌——炭疽杆菌；

世界上第一次证明了一种特定的微生物引起一种特定疾病的原因；

世界上第一次分离出伤寒杆菌；

世界上第一次发明了蒸汽杀菌法；

世界上第一次分离出结核病细菌；

世界上第一次发明了预防炭疽病的接种方法；

世界上第一次发现了霍乱弧菌；

世界上第一次提出了霍乱预防法；

世界上第一次发现了鼠蚤传播鼠疫的秘密；

世界上第一次发现了睡眠症是由采采蝇传播的。

阿道夫·梅尔的实验

发现烟草花叶病毒的传奇始于阿道夫·梅尔，他是荷兰瓦赫尼罕市农业研究所的负责人。1879年，他被烟草的一种病态吸引住了，其症状是病

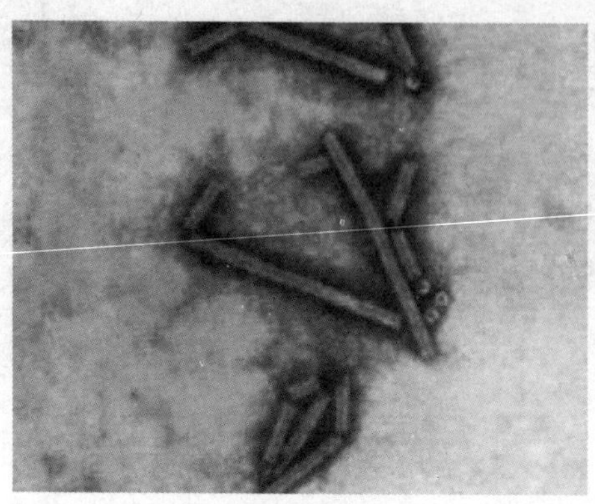
▲电子显微镜下的烟草花叶病毒

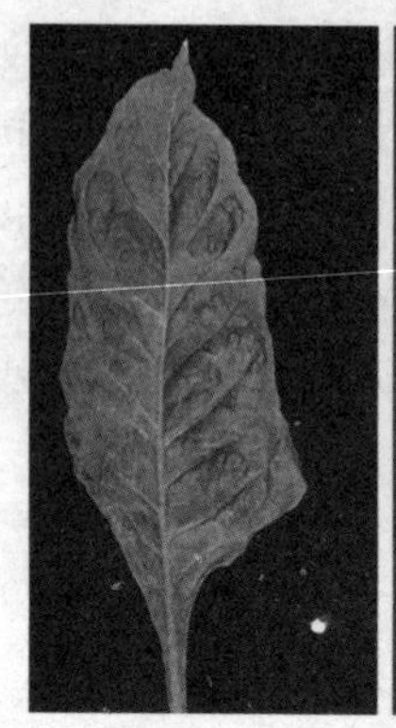

▲被烟草花叶病毒侵染的叶片（左）与正常叶片（右）

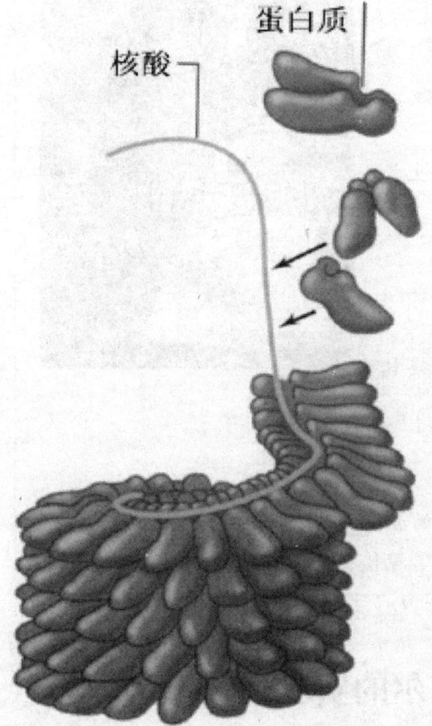

▲烟草花叶病毒模型

株的叶片上出现黄绿相间的花斑，于是将此病命名为烟草花叶病。1886年，他发表了论文，除了具体描述烟草花叶病的病症外，还列举了他为探究病因所做的尝试。

梅尔的研究是通过对健康植株的叶片和病株叶片的化学分析而展开的，他想看看二者营养物质上的不同是否能解释这种疾病。相应地，他还对比了二者的土壤环境以及土壤中的线虫。温度、光照条件、施肥程度、真菌和寄生虫等也在他的调查范围内。就在一筹莫展、一无所获时，他发现，研磨病株而获得的汁液对健康植株具有传染性。这一激动人心的发现促使他以前所未有的热情继续钻研下去。他试图遵循科赫法则，从提取物中培养出致病微生物，但是显然没有结果，没

有一种培养出的细菌能够再次致病。他还试图接种一些熟知的细菌和液体（包括由人和动物的粪便制得的肥料、陈干酪汁和腐烂的豆荚汁等）使植株再次获病。由此他得出的结论是：传染源不是某种酶就是某种微生物。由于酶不能进行自我复制，所以他否定了酶是传染源的可能性。他又用滤纸做实验，发现传染源起初都通过了滤纸，但是重复过滤后便得到了“干净的滤液”——不再具有传染性。据此，他认为传染源是某种细菌。他将真菌排除在外，因为他认为真菌连第一次过滤都无法通过滤纸。

这个实验结果真是不可思议。就我们现在所获得的经验，烟草花叶病毒能被滤纸滤出是不可想象的，因为这是只有用硝酸纤维素膜或具有非常小的孔径的过滤器才能办到的。

实物直击

烟草植物

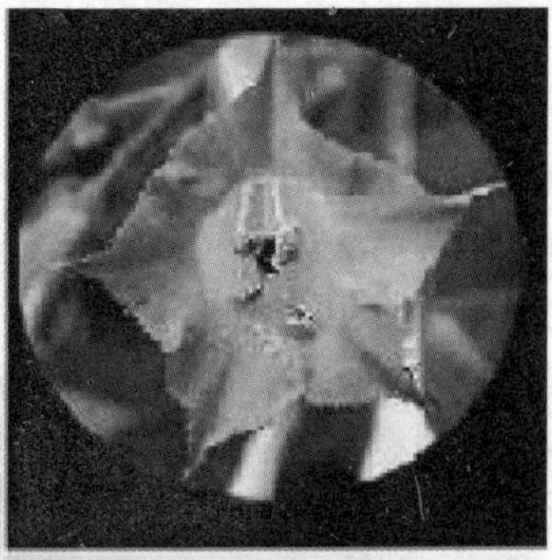

伊凡诺夫斯基的实验

1892年，俄国生物学家伊凡诺夫斯基向位于圣彼得堡的科学院汇报了他的发现。他质疑梅尔的实验，认为双层滤纸无法过滤出烟草花叶病的传染源。他用尚博朗氏烛形滤器——被认为是阻止细菌通过的最后一道关卡——做了大量过滤实验，发现染病植株叶片的提取液被过滤后仍能感染其他烟草。这一结果令他大为吃惊，他怀疑可能是过滤器有问题，但是，进一步的实验再次验证了这一结果，并不是过滤器出了问题。

“根据当今公认的观点，在我看来，这一结果可以简单地解释为感染物质是细菌分泌的一种毒素，它溶解在了滤液中。除此以外，可能还有一种同样可被接受的解释，也就是致病菌穿过了尚博朗氏烛形滤器的微孔，尽管我在每次实验前都检查了过滤器并确信不存在细小的裂缝和漏洞。”——伊凡诺夫斯基

1903年，伊凡诺夫斯基发表了关于烟草花叶病毒的最后一篇论文，对比此前非常简短的文章，这篇论文对烟草花叶病作了详细的描述，包括对在被感染组织的细胞中所发现的两种内含物的显微观察，以及为培养感染物质所做的大量毫无成果的努力。尽管如此，他仍坚信：传染源是一种不可培养的细菌。

贝杰林克的实验

荷兰科学家贝杰林克也在寻找导致烟草花叶病的细菌，但一无所获。他显然不知道伊凡诺夫斯基所做的工作，重复了前人的过滤实验。他也得到的同样的结果，通过瓷过滤器的物质仍具有传染性，并且无法培养出细菌。他发现来自患病烟草叶中的汁液能够感染无数健康的植株，传染物质能够在病株中进行自我复制。为了证明这种传染物质不是某种细菌，他还进行了扩散实验。

贝杰林克将汁液滴在了琼脂块的表面，发现传染物质在琼脂中以适当的速度扩散，而细菌仍滞留在琼脂的表面。他认为这种传染物质是 Contagium Vivum Fluidum（具有传染性的有生命的液体），并进一步将其命名为 Virus（病毒）。

虽然后来证实病毒是颗粒状的，并非像贝杰林克所说的是液体，但贝杰林克无疑是发现病毒的第一人！

▲蚂蚁工坊里的透明固体就是琼脂做的

“吃”细菌的病毒
——噬菌体的发现

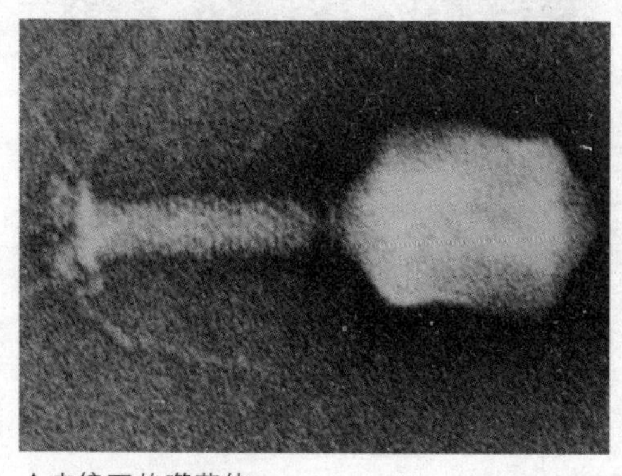

▲电镜下的噬菌体

在微生物界，同样存在着类似动植物界的食物链一样的关系。“捕食”细菌的生物——噬菌体，正是科学家们研究微生物的一种强有力的工具。噬菌体是感染细菌、真菌、放线菌或螺旋体等微生物的细菌病毒的总称。作为病毒的一种，噬菌体具有病毒特有的一些特性：个体微小，不具有完整的细胞结构，只含有单一核酸。一旦离开了宿主细胞，噬菌体既不能生长，也不能复制。

托特的发现

托特，一名乡村医生和一位勤劳母亲的儿子，曾在伦敦的圣·托马斯医院受过医疗培训，但是由于家财微薄，他无法追求自己所痴迷的病理学。托特在自己的论文《噬菌体的发现》中提到：“迫于无奈，我必须至少挣够支付房租和食物的钱。因此，我接受了第一份有偿的工作，在医院的检验科做负责人的助理。”尽管如此，这个职位还是使托特在病理学方面积累了经验。1909 年，托特被委任为伦敦大学布朗研究中心的负责人。布朗研究中心成立于 1871 年，旨在为对人类有用的四足动物和鸟类提供护理和治疗。身为主管的托特可以在病理学或细菌学任一分支领域开展研究工作，最后，托特选择了研究生命原始形式的生长条件，并在这一研究方向上取得了成功。托特找到了可以使约内氏杆菌（导致牛的一种严重疾病

的细菌）在人工培养基上生长的基本物质，后经证实此物质为维生素 K。

此后，托特继续进行实验，试图找到可以使病毒在人工培养基上生长的途径。现在看来，这显然是一条不幸的研究路径，因为我们知道病毒只能生长在活的细胞中。但是托特的研究所遵循的假设也不无道理。由于病毒是最小的也是最简单的生命形式，因此它在进化史上一定曾一度生长在缺少任何生命物质的媒介中。

▲托特

托特试图从土壤、粪肥、野草、干草和池水这些物质中找到病毒并培养在他特制的培养基上。培养基的成分以琼脂、鸡蛋和血清为基础，加以不同剂量的化学物质和真菌、种子等的提取物。他先用烛形过滤器将土壤、粪肥等提取液中的细菌滤出，再将滤液接种到培养基上。几百次的实验都失败了，托特从没在人工培养基上培养出病毒，但是他却观察到了别的东西。一次，他将用于天花疫苗的液体在未经过滤的情况下接种到了培养基上。尽管未能长出天花病毒，但是却长出了一种球状细菌，而且这些细菌看似在受某种疾病的“折磨”：被接种的培养基上总是出现透明的区域；某些菌落不能继代培养，而且经过一段时间以后这些菌落就会变得光滑而透明。这个现象非常奇特，在托特研究细菌和病毒的 14 年里还从未遇到过。托特又对这些透明的菌落作了研究，他发现：1. 这些受到影响的菌落不能再次在任何媒介中生长；2. 经检验，

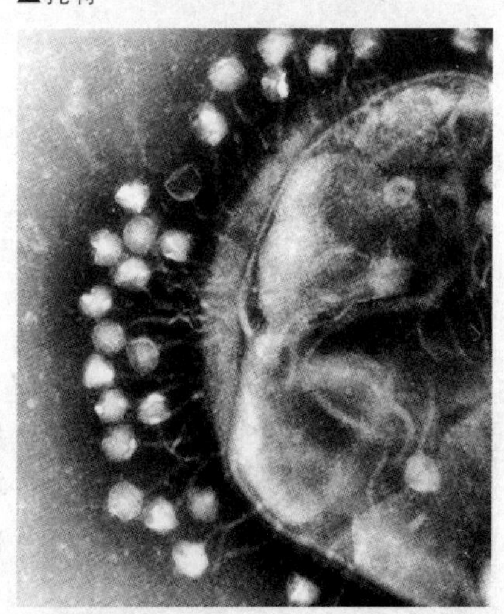

▲噬菌体攻击细菌

透明区域仅剩微粒而无细菌；3. 如果透明物质的一小部分接触到纯细菌的培养基，那么纯细菌的培养基便会从接触的那一点开始变得透明，直至蔓延整个培养基；4. 透明物质经烛形滤器过滤后仍具有使新菌落变得透明的能力；5. 新转变的透明菌落能再使新菌落变得透明，并能传续无数代。

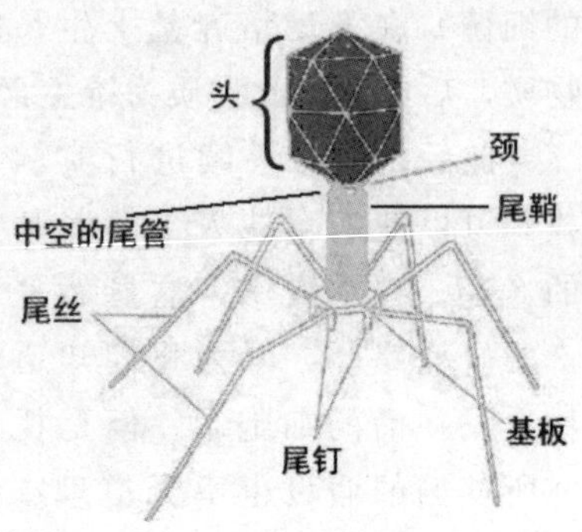

▲T4 噬菌体结构示意图

托特认为引起菌落变透明的是一种具有传染性的滤过性物质，能在自我繁殖的

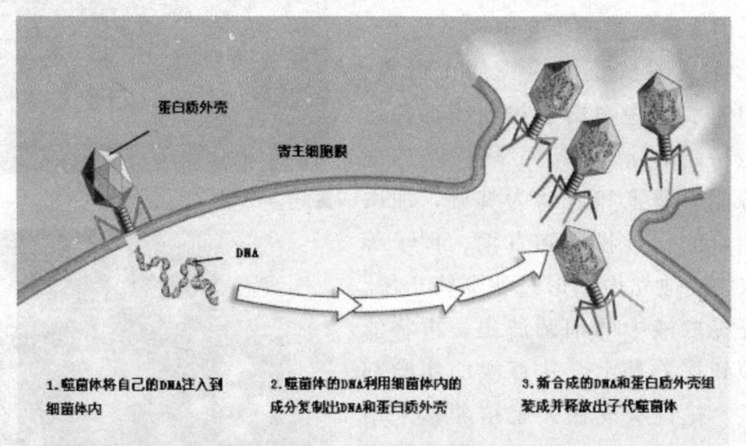

▲噬菌体侵染细菌过程

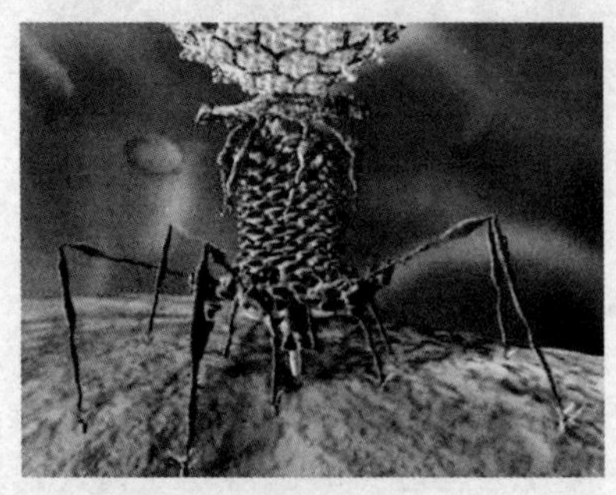
▲噬菌体吸附在细菌表面

过程中杀死细菌。托特并没有认定这种物质就是某种细菌病毒，而是提出了几种可能性推断，并未作出明确的结论。

后来才发起对细菌病毒的广泛研究，因此这种细菌病毒有时又被称为托特——埃雷尔粒子。

埃雷尔的发现

▲埃雷尔

埃雷尔 1873 年出生在蒙特利尔，父亲是法裔加拿大人，母亲是荷兰人。他曾在法国和荷兰求学，也曾在危地马拉、墨西哥、南美洲、埃及、阿尔及利亚、突尼斯、印度和俄罗斯游历、工作过。在墨西哥，埃雷尔第一次观察到了噬菌体，40 年后（1949 年）他将这个发现写成了回忆录，而文中流溢出的激情是现代的科学著作所难以比拟的。

小资料——埃雷尔的回忆录

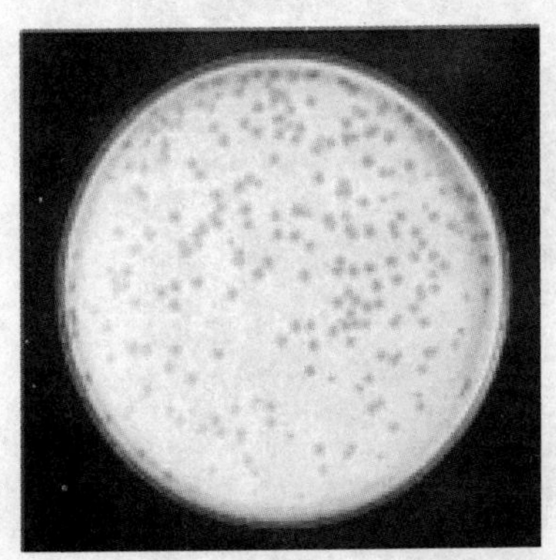
▲培养基上的透明斑点

1910 年，我在墨西哥的尤卡坦州，那里当时暴发了蝗灾。印第安人告诉我某地田间散布着蝗虫的尸体。我到了那里，收集了病虫，发现主要的病症是带黑色的腹泻。这种疾病至今还没有被描述过，所以我对它进行了研究。这种病是由细菌——蝗虫球杆菌引起的，常见于腹泻物中。我可以通过在作物上喷洒这种细菌来向健康的蝗虫传播疾病，蝗虫吞食被污染的作物时便会受到感染。

在接下来的几年，我将这种蝗虫细菌从阿根廷一直散布到了北非。在这期间，我曾

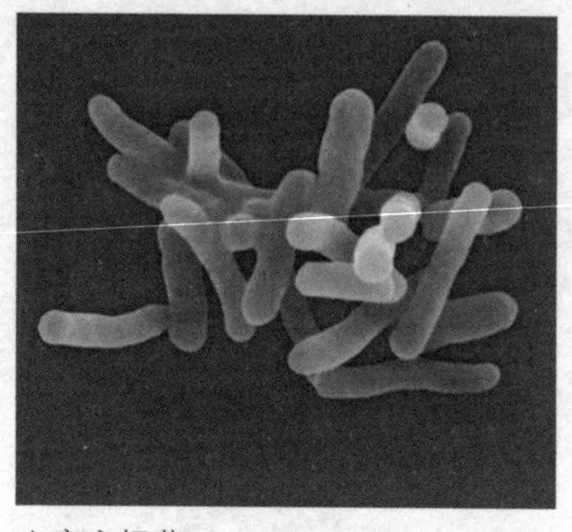
▲痢疾杆菌

多次观察到出现在某些细菌培养基上的一种不同寻常的现象，琼脂培养基上出现了一个个透明的圆斑，直径2～3mm。我将透明斑点处的琼脂表面刮下，制成切片在显微镜下观察，但是什么都看不到。导致透明斑点形成的物质能够通过烛形滤器，那么一定比细菌还要小。

然而，透明斑点的出现是毫无规律的，有时一连几周我都看不到一个，我也不能按照意愿复制这种现象，因而我未能研究下去。

1915年的3月，一场大的蝗灾袭击了突尼斯。当时正处于第一次世界大战期间，蝗灾可能会使攸关性命的粮食作物毁于一旦。于是，我奉命去散播细菌，制止蝗灾，收到了很好的效果。但值得一提的是，尽管北非的其余地方在接下来的几年里再度遭到蝗虫的侵袭，然而突尼斯却风平浪静，未再遭受劫难。

在对付蝗虫的这场战役期间，我又观察到了透明的斑点。于是，在返回法国之前，我在突尼斯的巴斯德研究所待了一段时间，以便进一步调查研究。我把透明斑点拿给研究所的负责人查尔斯·尼科尔看，他对我说："这也许是由你的球杆菌所携带的一种滤过性病毒所致，而球杆菌只是一个容器。"

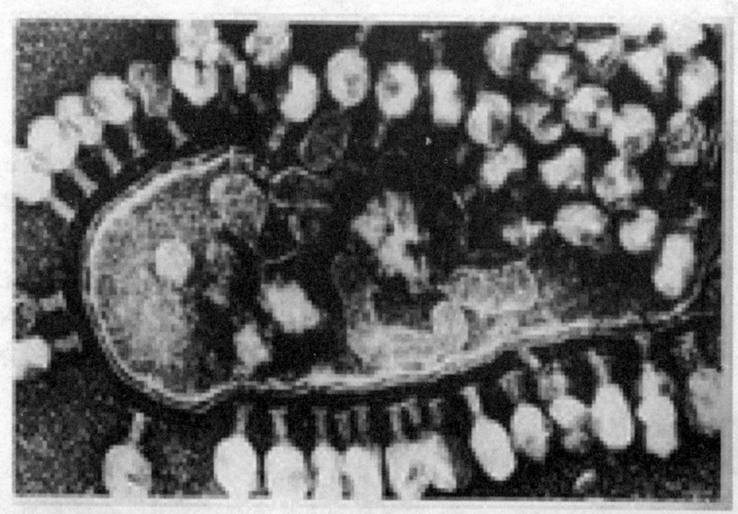
▲噬菌体使细菌裂解

1915年8月，在返回巴黎的途中，我被鲁博士请去调查在法国近郊卡弗拉里空军中队中蔓延的痢疾流行病。我想，对于蝗虫细菌的推断也许也适用于人类痢疾疾病。于是，我先将病人的排泄物过滤，再将滤液作用于痢疾杆菌，最后对细菌进行培养观察，结果，我又发现了那些透明斑点。

在位于巴黎的巴斯德研究所的医院里，我总能遇到杆菌性痢疾的病例。在征得同意后，我跟踪了一个病例，试图搞清透明斑点出现的时间。

第一天，我从病人的血便中分离到了志贺痢疾杆菌，涂布在培养基上。我又向培养基中加入了同一病人的粪便滤液。细菌正常生长。

第二天和第三天，我又做了同样的实验，结果也是一样。从第四天开始，我将几滴血便制成溶液，过滤后加到第一天分离出的志贺痢疾杆菌的菌液中。我取了一滴混合物涂布到琼脂培养基上，并将培养基和菌液一起放进了37℃的孵卵器中，一切结束后已是傍晚。

转天早晨，在打开孵化器的那一刻，我体验到了一种无法言说的心情，所有的付出都在这一刻得到了回报。一夜前还是非常浑浊的菌液，现在已是无比的清澈了，所有的细菌都不见了，就像糖溶进了水里一样。培养基上也全无细菌生长。就在看到这一切的一瞬间，我明白了，一种看不见的微生物，一种滤过性的病毒，而且是一种寄生在细菌上的病毒导致了这一切！接着，我又想到，如果这一切都是真的，那么同样的事情很可能在这一夜间也发生在了那位病人的体内。病人体内的痢疾细菌应该已被病毒消灭一光了。于是，我急忙赶去医院。事实上，正如我所料，病人的病情已在这一夜间大为好转，已经开始康复了。

硕果连连——病毒现形记

继托特和埃雷尔分别发现噬菌体之后，人们通过过滤性实验又先后发现了近百种病毒病害，包括流感、脊髓灰质炎、脑炎、狂犬病、马铃薯花叶病、卷叶病和条斑病、黄瓜花叶病、小麦花叶病等。

为了解决病害，人们开始研究病毒感染的症状、病毒的传播途径和媒介以及病毒的繁殖特征。病毒学进入了病原研究阶段。1900 年，黄热病在各地肆虐，美国军医与病理学家沃尔特·里德和他的研究小组证明伊蚊是罪魁祸首。

实物直击

伊蚊

伊蚊会传染很多疾病。黄热病是由黄热病病毒引起的急性传染病，埃及伊蚊是主要传播媒介。登革热是一种急性传染病，已知 12 种伊蚊可传播此病，但最主要的是埃及伊蚊和白伊蚊，我国广东、广西多为白纹伊蚊传播，而雷州半岛、广西沿海、海南省和东南亚地区以埃及伊蚊传播为主。伊蚊只要与有传染性的液体接触一次，即可获得感染，病毒在蚊体内复制 8～14 天后即具有传染性，传染期长者可达 174 天。具有传染性的伊蚊叮咬人体时，即将病毒传染给人。

接着，日本人高见证明一种叶蝉会传播水稻矮花病，蚜虫会传播马铃薯退化病。300 多年前（1619 年）就知道的郁金香碎色病直到 1929 年才被证明是由蚜虫传播的。这时期，人们还发现了一些非常有趣的现象，如一种病毒通过变异会产生致病力强弱不等的毒株，又如把病株的汁液注入动

物体内后，动物的血清和体液会发生特异的反应。这些研究成果对当时防治病毒疾病起到了重要作用。

在这一阶段，人们对病毒的认知还很肤浅，认为病毒是一种与细菌类似的病原体，所不同的是病毒必须在活细胞中才能繁殖，再就是个体十分微小，在显微镜下观察不到，能通过细菌过滤器。

1935 年，由于美国生化学家斯坦利的杰出工作，开启了病毒的化学和结构研究的新阶段。

▲叶蝉

知识窗

1901 年，沃尔特·里德证明黄热病的病原是病毒。在阿灵顿国家公墓，他的墓碑上铭刻着："他为人类控制了致命性的瘟疫——黄热病。"1945 年里德被选入美国伟人纪念馆，华盛顿陆军总院还以他的姓氏命名。

斯坦利的发现

1926 年，美国科学家萨姆纳从刀豆种子中提取出脲酶的结晶，并通过化学实验证明脲酶是一种蛋白质。随后，诺斯罗普通过使胃蛋白酶等其他酶形成结晶而扩大了萨姆纳的成果，使化学界受到了激励，科学家们相继提取出多种酶的蛋白质结晶，并指出酶是一类具有生物催化作用的蛋白质。

这样一来，原本神秘莫测的酶成了看得见摸得着的东西——蛋白质分子。同样难于理解的病毒又究竟是什么呢？

1935 年，斯坦利发现烟草花叶病毒的侵染性能被胃蛋白酶破坏，受到这一现象的启发，他几乎磨了上吨重的感染花叶病的烟叶，试图用提纯酶

▲斯坦利

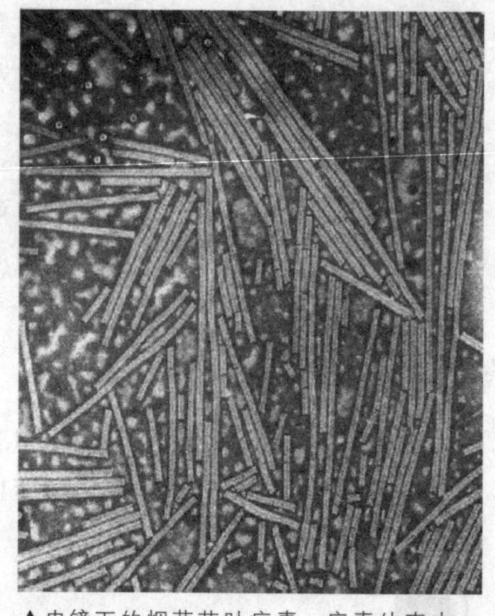

▲电镜下的烟草花叶病毒。病毒外壳由蛋白质组成

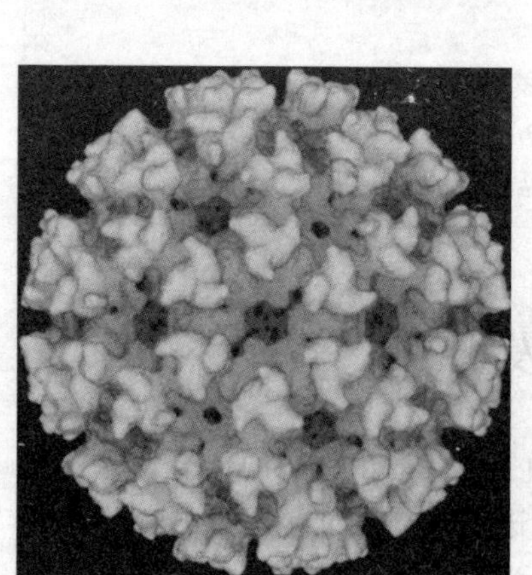

▲脊髓灰质炎病毒

的方法把病毒提取出来，结果得到了一小匙在显微镜下看来是针状结晶的东西。他把结晶物放在少量水中，用手指沾了一点溶液在健康的烟叶上摩擦了几下，一周后，这棵烟草也得了同样类型的花叶病。可见，提取出来的东西的确是具有侵染性的烟草花叶病毒。今天在美国加州大学的斯坦利实验室里，仍保留着一个标注着“Tob. Mos.”字样的瓶子，其中就盛着当年第一次提取的烟草花叶病毒。

各种实验结果证实，提取出来的结晶物质就是蛋白质。初步的渗透压和扩散测定表明，这种蛋白质的分子量高达几百万。其结晶制品的侵染性依赖于蛋白质的完整性。侵染性被认为是病毒蛋白质的一种性质。斯坦利的研究论文于 1953 年发表在《科学》杂志上，他在论文中写道：“烟草花

叶病毒是一种具有自我催化能力的蛋白质，它的增殖需要活体细胞的存在。”在获得烟草花叶病毒结晶之后将近 20 年的时间里，许多其他病毒也相继被结晶出来。1955 年，科学家成功地结晶了脊髓灰质炎病毒，它是第一个被结晶出来的动物病毒。然而，斯坦利在他的结晶工作中并未注意到病毒的含磷组分。1936 年在纯化的烟草花叶病毒中发现了含磷和糖类的组分，它们以核糖核酸的形式存在，通过热变化，这种核酸可以从病毒粒子中释放出来。这一发现不久也被斯坦利所证实。斯坦利及其同事还证实了几种不同植物病毒的核酸也能从核蛋白的形式中被分离出来。后来的研究表明，病毒并不是一种纯粹的蛋白质，它是由蛋白质与核酸组合而成的，但当时人们还没有充分认识到核酸的重要性。

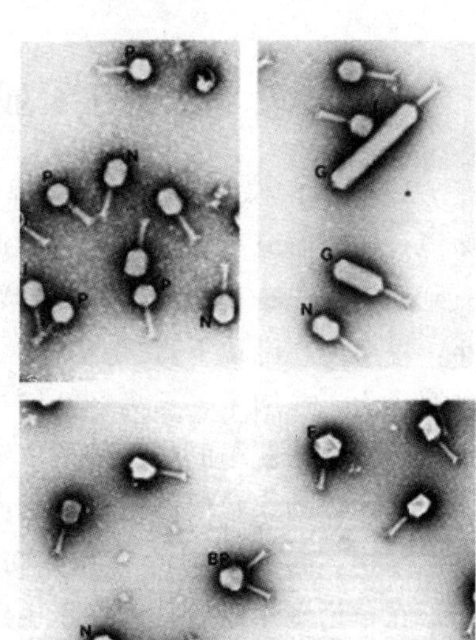

▲电镜下观察到的噬菌体

烟草花叶病毒的结晶及其化学本质的发现是对医学和生物科学的巨大贡献，它不仅引导人们从分子水平去认识生命的本质，而且为分子病毒学和分子生物学的诞生奠定了基础。鉴于斯坦利在烟草花叶病毒研究中的突出贡献，1946 年他被授予诺贝尔奖，这是病毒学领域第一位获此殊荣的科学家。

从阿道夫·梅尔到斯坦利，科学家们围绕着烟草花叶病毒的研究越来越深入，但却始终不得见其庐山真面目，直到电子显微镜研制成功才揭开了它的神秘面纱，病毒终于被从“看不见的实体”的名单中除去了。

相关链接——什么是酶？

酶是由活细胞产生的具有催化作用的生物大分子。酶的绝大多数是蛋白质。20 世纪 80 年代，美国科学家切赫（T. R. Cech）和奥特曼（S. Altman）发现少数 RNA 也具有生物催化的作用。

电子显微镜的发明

1931年，德国工程师恩斯特·鲁斯卡和马克斯·克诺尔发明了电子显微镜，使得研究者首次得到了病毒形态的照片。最初从电子显微镜照片上看到的病毒是一些几乎类似的微粒，烟草花叶病毒就是其中之一。1939年，堪斯彻在电镜下直接观察到了烟草花叶病毒，指出烟草花叶病毒是一种直径为1.5纳米，长为300纳米的长杆状的颗粒。

然而后来获得的噬菌体的电镜照片则令电镜学家们激动不已，并引起了很大的轰动。噬菌体虽然非常微小，仅为10纳米，但具有高度整齐而复杂的结构，有着圆圆的头和起初被认为是尾巴的附属物，像个小蝌蚪一样。在争论多年以后，才终于确定了噬菌体的附属物没有运动的功能，而是对于吸附到细胞表面、注射传染性核酸进入细胞中起了重要的作用。

第一张病毒的X射线衍射照片是由贝纳尔和范库肯于1941年所拍摄的。

1955年，通过分析病毒的衍射照片，罗琳莎·富兰克林揭示了病毒的整体结构。

从光学显微镜到电子显微镜，技术的革新带来了知识的更新，将人类的视野拓展到了纳米级的微观世界，正是基于此，人类对病毒的研究翻开了崭新的篇章！

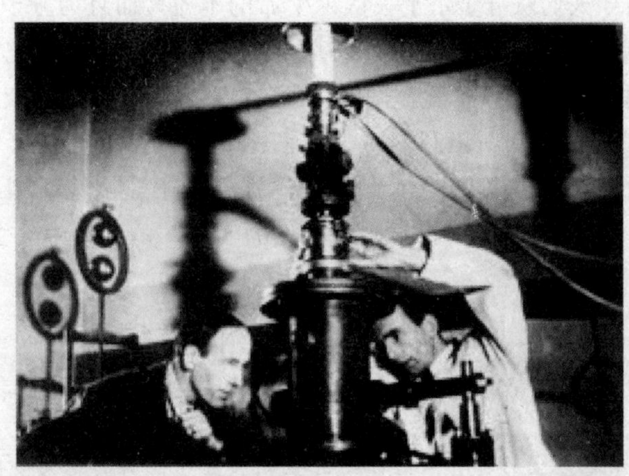

▲恩斯特·鲁斯卡和他的助手马克斯·克诺尔在调试电子显微镜

人类与病毒

瑞典病理学家福尔克·亨申曾说过："人类的历史就是疾病的历史。"而带给人类最大灾难的疾病往往是由病毒引起的。人类在痛定思痛之后，立志要消灭病毒，可是，这又谈何容易呢，所以，人类与病毒的千年战争就这样持续着。随着文明的发展，人类认清了自己的防御体制，发明了疫苗，找出了大多数病毒的一般性致病机理，推广了一些抗病毒治疗的方法和模式，检测了水中、土壤中、大气中的一些病毒等等。与此同时，病毒也在不断变异着，不断产生抗药性，也在不断地出现新品种，不断地侵入人体，造成疾病的大规模流行。这场没有硝烟的战争就这样继续着。

人类历史的大劫难
——世界瘟疫史

翻开人类发展的历史，从最古老的鼠疫、流感，到近来的埃博拉、非典，几乎每一次疾病的流行，总是伴随着人类文明的发展而来；而疾病的大规模暴发，又会反过来对人类文明产生重大而深远的影响。历史虽然已经过去，但或许以史为鉴可以知兴替，就让我们一起来看看当文明遭遇瘟疫时那几次最为惨烈的大劫难吧！

▲可怕的瘟疫

雅典城空：瘟疫杀人无数

直到今天，没有人知道这场发生在两千四百多年以前的瘟疫从何而来，但可以确定的是，疾病几乎摧毁了整个雅典。

当时一个幸存的学者修昔底德在他的书中以自己的所见所感，生动地描绘了此病流行的情景：身体完全健康的人突然开始发烧；眼睛变红、发炎；口内从喉和舌上出血，呼吸不自然。其次的病症就是打喷嚏、嗓子变哑；不久之后，胸部发痛，接着就咳嗽。以后就肚子痛、呕吐，大部分时间是干呕，并发生强烈的抽筋；到了这个阶段，抽筋时断时续，有时还持续很久。抚摸时，身体外表热度不高，脸色也不苍白，皮肤显红色和土

▲病毒带给人类的是无尽的痛苦

▲修昔底德

色，身上发现小脓疱和烂疮。但是身体内部发高热，就是穿着很薄的亚麻布衣服，病者也不能忍耐，而要完全裸体。不仅如此，为了降温，大部分人喜欢跳进冷水里，有许多没人照顾的病人实际上就这样做了，他们跳进大水桶中，以消除他们不可抑制的燥热。这样的症状持续七八天，病人多半因体内高热而死亡。由于死的人太多，尸体躺在地上无人埋葬，鸟兽吃了尸体的肉也跟着死亡，以致“吃肉的鸟类完全绝迹”……

这次大瘟疫夺去了500多万雅典人的生命，瘟疫把雅典城掏空了。就在这不知名瘟疫的打击下，昔日灿烂的雅典文明之光趋于黯淡并最终熄灭。

名人介绍——希波克拉底

对雅典这场索命的疾病，人们避之不及，惟恐不堪。但此时希腊北边马其顿王国的一位御医，却冒着生命危险前往雅典救治。他一面调查疫情，一面探寻病因及解救方法。不久，他发现全城只有一种人没有染上瘟疫，那就是每天和火打交道的铁匠。他由此设想，或许火可以防疫，于是在全城各处燃起火堆来扑灭

▲伟大的希波克拉底

瘟疫。这位御医就是被西方尊为“医学之父”的古希腊著名医生、欧洲医学奠基人希波克拉底。

希波克拉底有一份关于医务道德的誓词十分著名，让我们看看从他的职业道德中能得到什么启发吧！

“我以阿波罗及诸神的名义宣誓：我要恪守誓约，矢志不渝。对传授我医术的老师，我要像父母一样敬重。对我的儿子、老师的儿子以及我的门徒，我要悉心传授医学知识。我要竭尽全力，采取我认为有利于病人的医疗措施，不给病人带来痛苦与危害。我不把毒药给任何人，也决不授意别人使用它。我要清清白白地行医和生活。无论进入谁家，只是为了治病，不为所欲为，不接受贿赂，不勾引异性。对看到或听到不应外传的私生活，我决不泄露。如果我违反了上述誓言，请神给我以相应的处罚。”

鼠疫肆虐：人间变地狱

历史上首次鼠疫世界性大流行出现在公元 542 年，它夺去了一亿人的生命，并导致东罗马帝国衰落；14 世纪时，鼠疫再次横扫欧洲，造成 2500 万人丧生；19 世纪末又出现第三次世界性鼠疫大流行，约 1500 万人死亡。

▲贵族们为躲避鼠疫纷纷出逃

在这三次鼠疫的流行中，最为恐怖的是 14 世纪在欧洲出现的那几次“黑死病”大流行。黑死病的一种症状，就是患者的皮肤上会出现许多黑斑，所以这种特殊瘟疫被人们叫作“黑死病”。对于那些感染上该病的患者来说，痛苦地死去几

乎是无法避免的，没有任何治愈的可能。这种痛苦，我们可以在当时意大利著名诗人彼特拉克留下的一封信中看出："亲爱的弟弟，我宁愿自己从来没有来到这个世界，或至少让我在这一可怕的瘟疫来临之前死去。没有天庭的闪电，或是地狱的烈火，没有战争或者任何可见的杀戮，但人们在迅速地死亡。有谁曾经见过或听过这么可怕的事情吗？人们四散逃窜，抛下自己的家园，到处是被遗弃的城市，到处都蔓延着一种恐惧、孤独和绝望……"

第三次鼠疫大流行波及亚洲、欧洲、美洲的60多个国家，波及范围之广，传播速度之快，远远超过前两次大流行。

1894年，法国细菌学家耶尔森发现，鼠疫的病原菌是鼠疫杆菌。几年后，另一位法国医学家又发现，鼠疫主要是通过跳蚤叮鼠再叮人传播的——原来，引发这种可怕瘟疫的不是罪人也不是瘟神，而是老鼠和跳蚤！

名人名言

清朝诗人石道南在他的一首名为《死鼠》的诗中这样写道：

四面八方横死鼠，
俨然像虎阻人行，
人皆惊恐绕道行。
老鼠死后不几日，
人死就如墙倒塌，
一日死者增无数。

流感——夺命恶魔

流行性感冒看上去是一种很平常的疾病，但在一次流行中夺去人命最多的瘟疫恰恰正是流感。

1918年，在奔赴第一次世界大战欧洲战场的美国士兵中，流感开始肆虐，而这些士兵又将病毒带到了欧洲战场。随着战时人员的频繁流动，以及战后士兵们纷纷返乡，一场可怕的流感在全世界范围内蔓延开来。在一年多的时间里，它夺去了2000～4000万人的生命，远远超过一战和二战中阵亡人

数的总和！

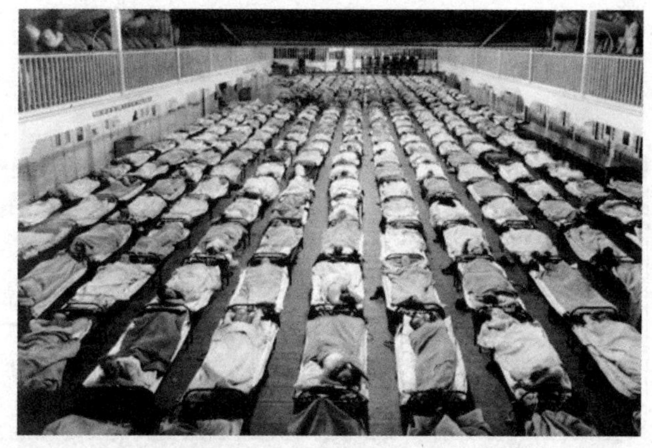

▲1918 年西班牙流感使医院人满为患

1957 年，流感暴发于中国贵州，然后扩散至全球，疫情持续到隔年。这场被称为“亚洲流感”的疫情系 A 型流感 H_2N_2 病毒作祟所致，据估计全球约 10%～30% 的人口受到波及，死亡人数在 100 万人。

▲一头猪的哭诉

1968 年，亚洲流感病毒由 H_2N_2 突变为 H_3N_2，成了 1968 年“香港流感”的元凶。同年疫情传至美国，持续到 1969 年。估计全球死于“香港流感”的人数约 75 万人，在美国则夺走 3.4 万条生命。

2003 年，引发亚洲国家人心惶惶的严重急性呼吸道症候群——非典（SARS），也是扩散迅速且死亡率极高的传染病。2002 年底自广东顺德暴发，2003 年世卫组织正式宣布致病源为一种新的冠状病毒，并命名它为 SARS 病毒。这场疫情造成 700 多人丧生，亚太地区的经济损失多达 400 亿美元。

1997 年香港首度发现禽流感病毒出现人畜共通传染，病毒类型确认为 H_5N_1，2003 年底在越南、泰国等东南亚国家暴发严重疫情酿成死亡，甚至扩散到欧洲与美国。世界银行 2005 年曾警告，禽流感大流行若持续 1 年以上时间，将造成全球高达 8000 亿美元的经济损失。

2009 年，猪流感蔓延，影响层面广泛。

见招拆招

如何应对流感

流感虽然可怕，但是，只要我们在日常生活中注意锻炼身体，增强抵抗力，在流感流行的时候做好预防措施，相信大家一定可以战胜流感。那么，你有什么预防流感的绝招吗？你在流感期间都采取了怎样的预防措施呢？给大家秀一秀吧！

展望——未来的瘟疫

回眸历史上的大劫难，我们仍觉得触目惊心。现如今，虽然医疗水平提高，防御、防疫能力加强，科学研究大踏步向前，可是老的病毒可能变异，新的病毒也会层出不穷，前方的路我们还得步步为营。我们不妨来预测一下未来的瘟疫。

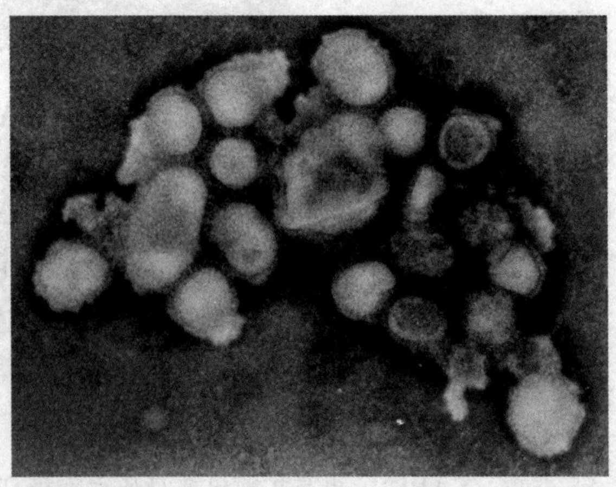
▲猪流感病毒

快速致死疾病

埃博拉病毒、拉萨热、裂谷热、马尔堡病毒、玻利维亚出血热都具高度传染性并且能快速致死，理论上将可能造成广泛的流行。然而这些疾病的扩散能力却也因此受到局限，患者还来不及将病原散布便丧命，加上这几种疾病都需要近距离接触才会传染，至今尚未在全球发生大流行，但基因突变的可能性将有机会提高它们的蔓延潜力。

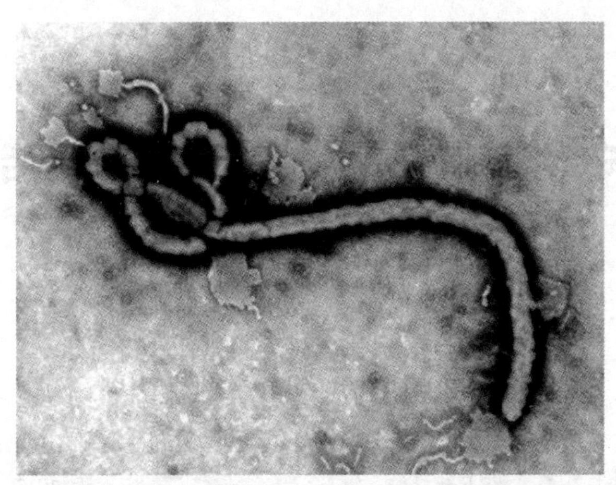

▲埃博拉病毒

抗药性

具有抵抗抗生素能力的超级细菌可能使得已获得控制的疾病再度活跃，医疗专业人员已发现许多结核病的病原对多种传统有效的药物已产生多重抵抗力，使得治疗日益困难，而金黄色葡萄球菌、沙雷氏菌都有类似强力抵抗如万古霉素等抗生素的现象，并且造成严重的院内交叉感染。

守住三道防线，打造健康生活
——人体的防御系统

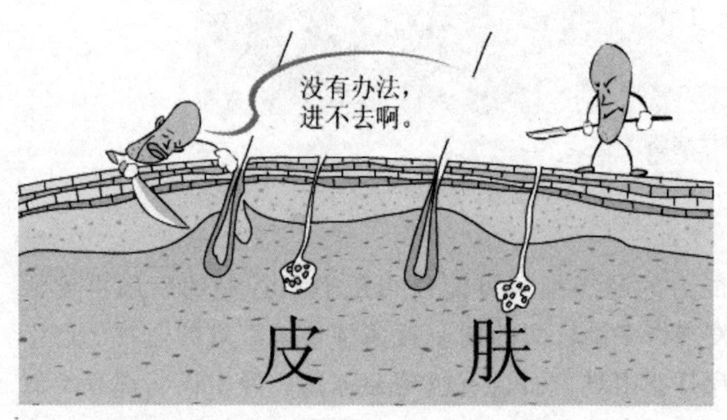

▲第一道防线

有一个美国孩子，一出生就完全没有免疫力，科学家只能把他放在一个完全无菌的玻璃罩里生活。就在这种环境里，在一个科学小组的严密护理之下，这个孩子活了下来，一直长到 11 岁。因为一次很小的疏忽，外界的空气进入玻璃罩内，孩子被感染，由于没有免疫力，他很快就死了。由于孩子自身没有免疫力，无论外界环境给他提供怎样的保护措施，最终还是失去了生命，可见对于一个生命的成长来说，自身的免疫力是最重要的。那么，正常的人体有哪些防御能力呢？让我们一起踏上探险旅程，一起来探秘人体的防御系统。

能使人生病的病毒形形色色，并且几乎无处不在，我们的身体无时无刻不处在病毒的包围之中。但是，通常情况下，机体好像有天然的防御能力，有限制微生物停留在体表并阻挡病原体侵人体内部的器官。然而，偶然微生物有增加其致病力的不寻常特性，使它们突破表面屏障。在这种情况下，人体针对疾病提供了三道防线：表面防御、吞噬性防御和集中在免疫系统的特异性防御。那么就让我们一起来探秘这三道防线，看看人体防御系统的神奇魔力。

表面防御——第一道防线

▲呼吸道黏膜起到的表面防御作用

大家可曾想象过，如果人体没有皮肤，那么我们体内的器官就完完全全暴露在充满病毒的环境中，我们的机体是否还能正常地活着和工作呢？答案当然是否定的。所以，我们可以很自然地联想到，皮肤肯定是我们抵御病毒的第一道防线。那么第一道防线除了皮肤，还有别的吗？当然，我们可以想一下，人体表面没有皮肤的地方有什么？我们总不能让病毒就那么长驱直入吧！没错，比如说鼻孔，比如说嘴巴，再比如说眼睛等等，这些地方是怎么筑起人体的第一道防线的呢？其实它靠的是一种叫作黏膜的东西。黏膜就是脊椎动物体内的消化、呼吸、排泄、生殖等器官的内壁，因为有黏液保持其表面湿润，所以我们称它为黏膜。完整的皮肤和黏膜就组成了机体可用的最基本的表面防御中的机械性防御。

你知道吗？——巧妙的人体是如何增强机械性防御的呢？

比如说呼吸道的黏膜和纤毛。当我们吸进空气中的某些颗粒时，黏着性的黏液捕获进入呼吸道的颗粒，纤毛推动黏液进入咽喉。咳嗽和喷嚏能增加机械性防御能力，使进入呼吸道的微生物被排出。鼻子的毛能增加机械性防御能力，身体的汗毛也能阻止微生物到达皮肤。尿液可减少泌尿道微生物种群，眼泪可以清洗眼睛，而且，皮肤细胞死后脱落可以从皮肤表面带走许多微生物。你还能想出其他的吗？

表面防御除了机械性防御之外，还有化学物质防御和微生物防御。前

▲溶菌酶的作用

者指机体合成各类化学物质参与表面防御。比如溶菌酶，它存在于眼泪和唾液中，所以我们经常说眼泪可以杀毒，唾液可以止痒。后者当然是指用微生物去抗击病毒等微生物了。这招听起来比较玄，体内微生物其实是机体的许多部位都有的正常菌群。正常菌群中的微生物同病原微生物争夺环境中的营养和可利用的空间。因为正常菌群中的微生物已经很好地定居了，它们发挥主场优势，一般能杀死偶然侵入机体的病原体，正常菌群的微生物也产生抑制病原体侵入的代谢物质。例如，在阴道中的乳酸杆菌产生抑制病原体生长的酸，皮肤上的微生物也能产生类似功能的酸，所以我们不能破坏皮肤的弱酸性环境，以维持正常菌群的生存环境，这样才能发挥微生物的防御作用。

广角镜——人体内神奇的化学物质防御

汗和耳垢中也有许多抑制微生物活性的脂肪酸，胃中的盐酸在胃中杀死细菌，阴道也有高含量的酸防止微生物污染，从胆囊分泌的胆汁在消化道杀死微生物，从十二指肠来的酶也能杀死其他的外来微生物。

吞噬性防御——第二道防线

假设病毒来势汹汹，第一道防线被攻破，那么病毒就进入了我们体内，我们还有其他御敌之术吗？这个时候，就该吞噬性防御粉墨登场了。究竟它能发挥什么作用，是否能够力挽狂澜，保护我们的健康呢？

机体吞噬性防御集中表现为对人体有益的细胞发挥吞噬作用，被称为吞噬细胞的白细胞具有这种功能。

具体战况如何，我们可以看下图。

a. 吞噬细胞通过吞噬摄取病原体，形成吞噬体

b. 溶酶体融入吞噬体并形成吞解体；病原体被酶所分解

c. 废料被排出或被同化

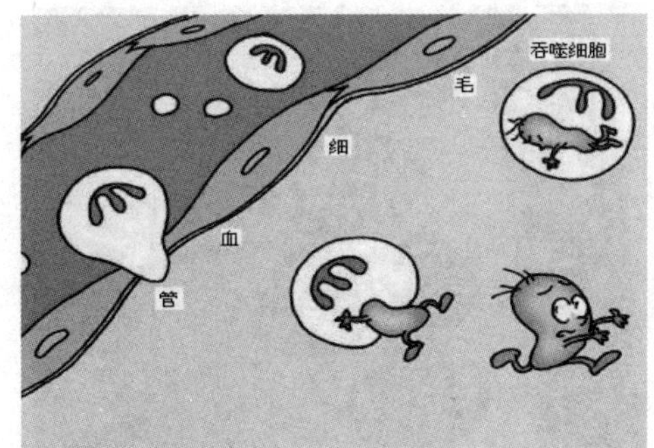

▲吞噬细胞吞噬病原体

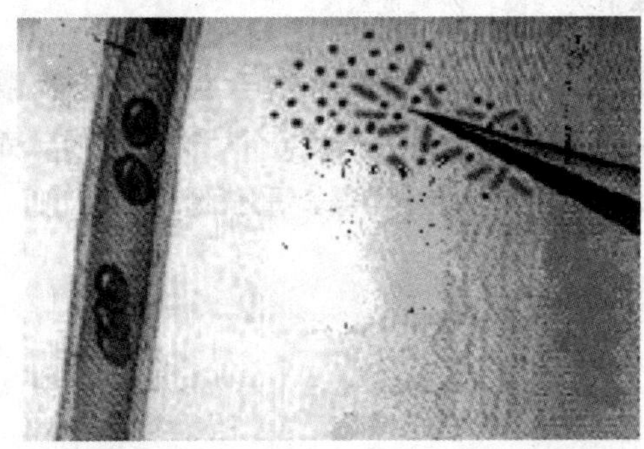
▲探针带来细菌入侵

此外，机体中还有其他起到吞噬作用的细胞吗？当然，正如我们伙伴间强调的分工和合作一样，人体的第二道防线当然也有很多细胞协同作战，抵抗病毒的侵袭。在血液中有中性粒细胞，又叫多核细胞，顾名思义，就是一个细胞中有多个细胞核。另外一种重要的吞噬细胞叫单核细胞，它的细胞里只有唯一的一个细胞核。除了血液，人体各组织都有吞噬细胞，比如组织中发现的特殊吞噬细胞称为巨噬细胞，它们分布在肝、脾、骨髓和其他许多组织和器官中，执行着他们的吞噬任务。

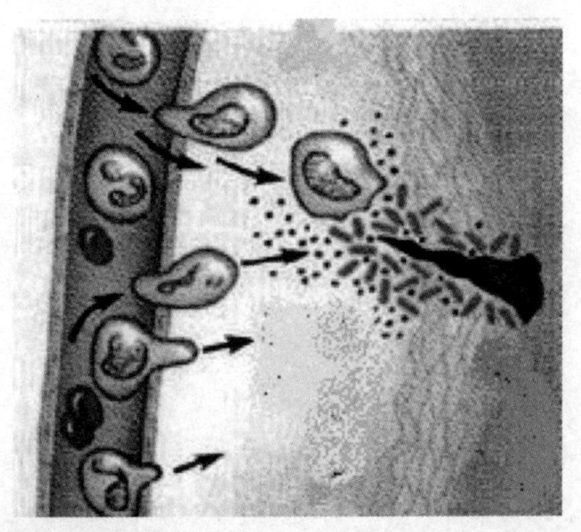
▲吞噬细胞赶赴现场

生活中，我们的肌体经常会发炎、发热，那么这两种现象与吞噬防御有关系吗？其实发炎是一种宿主受到局部感染并消灭病原体的积极反应方式。发炎的反应一般是红、肿、热、痛。这些症状部分反应是由于溢出的血浆进入受伤部位以及吞噬细胞的到达所引起的；部分反应是由于对侵入病原体的吞噬和脓块的聚集所引起的。看来发炎与吞噬防御是脱不了关系的。

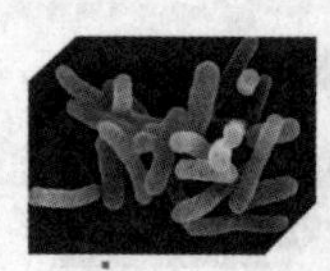

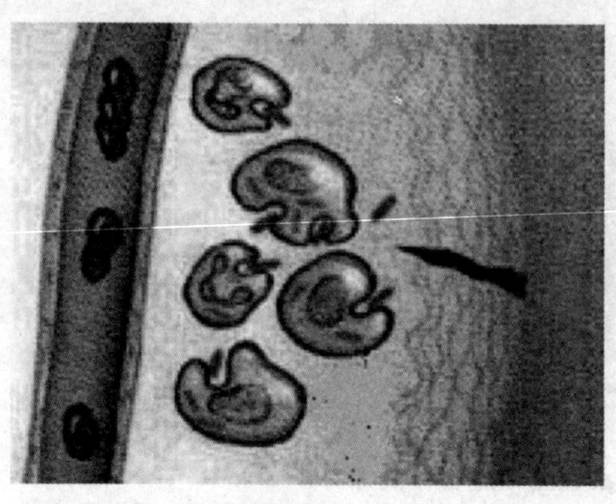
▲消灭入侵，恢复健康

发热即肌体的温度升高，被认为是通过升高体温来增加吞噬效率而提供的保护作用。而且发热加速血液流至感染的部位，增加机体细胞的代谢效率，使肌体得以抵抗感染。在某些情况下，升高体温可能与病原体，如苍白密螺旋体（梅毒的病原体）生长有关。

我们可以看到，发炎和发热都是人体对抗病毒的防御反应，所以轻微的感冒和发炎，可以交给我们的防御系统去处理。当然，大多数时候，都要助我们的防御系统一臂之力，更加快速地消灭病毒，重获健康。

主动出击，克敌制胜
——病毒性疾病的治疗

人类与病毒的斗争可以说是一场生与死的较量。正如孙子兵法《虚实篇》所云："善战者制人而不制于人。"面对病毒，我们应该变被动为主动，主动出击，克敌制胜，绝不能让历史上的那些大劫难再卷土重来。那么，在我们的智慧和汗水甚至是生命的倾注下，我们研制出了哪些能与病毒一较高下的秘密武器呢？这场战役我们又有多少胜券呢？

病毒也会生病吗

全球流感大暴发，人们对于病毒往往是避之唯恐不及，一谈起病毒就有点谈虎色变的感觉。那么病毒是否有生病的时候，病毒的死穴在哪里，我们如何才能克敌制胜，战胜病毒呢？一切都要先从病毒致病的原理谈起。

病毒的特点中有这么一条：病毒是寄生生活的，病毒在细胞外以大分子状态存在，不显示生命现象。在细胞外的病毒可暂时看作是无生命的，无从讨论其是否会生病，因而若病毒会生病，那生病过程必定是发生在宿主细胞内。那么病毒在宿主细胞内是如何生存的？是不是破坏掉它生存的某个条件，病毒就无法正常生存？是不是就意味着我们可以消灭病毒了呢？我们不妨先来看看病毒是如何在宿

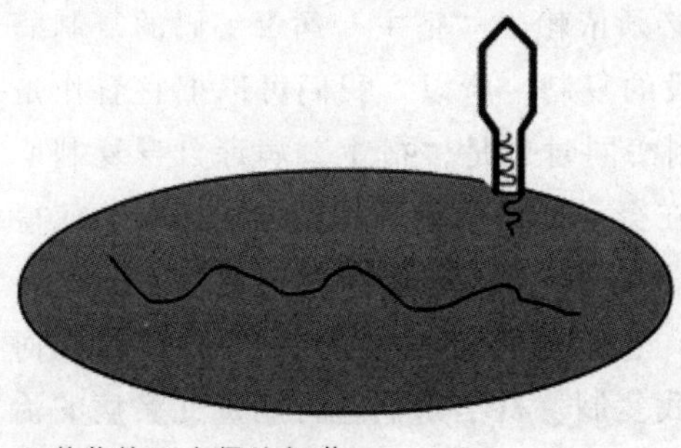

▲噬菌体正在侵染细菌

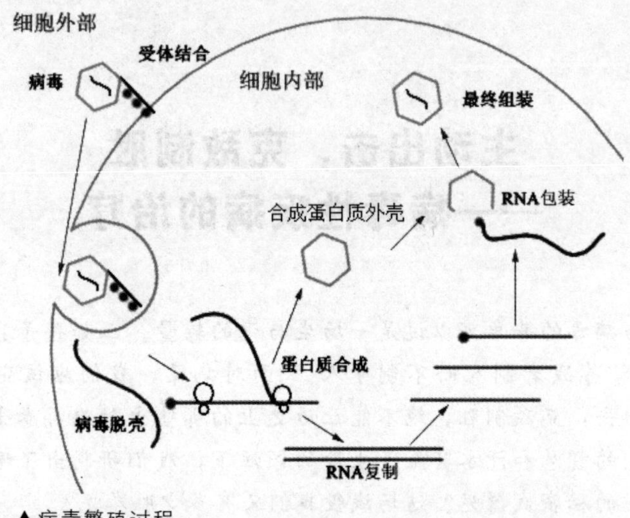

▲病毒繁殖过程

主内生存的。

研究病毒的生存，其实就是看病毒是如何借助于宿主这一物质来进行自我复制。病毒的复制一般可分为吸附、侵入与脱壳、生物合成、装配与释放等几个阶段。其中，病毒的生物合成阶段包括核酸的复制、转录与蛋白质的合成。在被病毒感染的宿主细胞内，病毒如果受到某些在宿主细胞内物质的干扰，无法进行正常的链合成、转录、翻译，那么就可以说病毒生病了。例如，在核酸的复制、转录与蛋白质的合成过程中必不可少的各种生物酶都有可能被抑制剂所抑制，导致病毒生病。

除了以这种方式让病毒生病，我们还有其他的方法吗？其实一些寄生于病毒壳体内的亚病毒因子也会导致病毒生病。卫星病毒和卫星 RNA 就是两类亚病毒，这两类亚病毒因子必须依赖于“宿主”病毒编码的复制酶才能进行自身基因、RNA 分子片段的复制，所以，我们可以把它看作是“宿主”病毒的分子寄生物。而复制酶同时也是“宿主”病毒自身复制所需要的，因而这些亚病毒因子的存在会对辅助病毒的增殖造成影响，使得病毒无法正常增殖，即可谓病毒生病了。

这就是使病毒生病的两种方法，它们都围绕着一个中心，也就是如何遏制病毒最令人恐惧的能力——自我复制。科学家们进行病毒性疾病的治疗也是围绕着这个中心进行的。

广角镜——亚病毒和卫星病毒

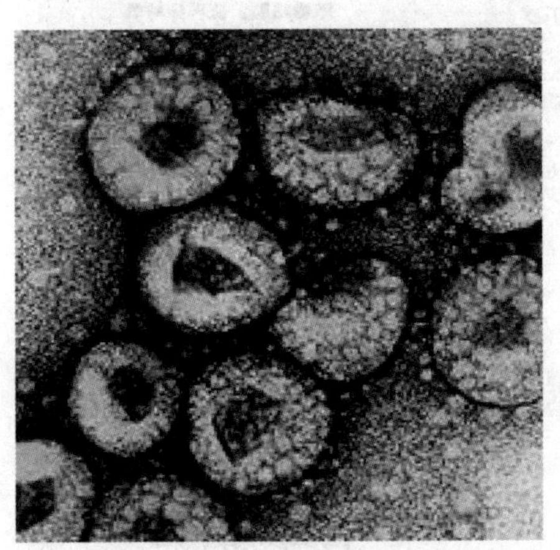

▲亚病毒

亚病毒是一类比病毒更为简单，仅具有某种核酸不具有蛋白质，或仅具有蛋白质而不具有核酸，能够侵染动植物的微小病原体。卫星病毒即是一类亚病毒。它基因组缺损、需要依赖“宿主”病毒（微生物学上称为辅助病毒），基因才能复制和表达，才能完成增殖，不单独存在。

天网恢恢疏而不漏——看病毒如何现身

有些人生病以后会有一些明显的症状，比如发烧、咳嗽、疲劳、食欲不振等等。但是有了这些症状也不一定是甲流，也可能是一些普通的流行性感冒。有些人生病以后几乎是没有什么明显症状，只是会感觉稍有不适，也不会引起太大的重视，如乙型肝炎。所以面对这些情况，如何快速而准确地确定到底是什么病毒导致我们生病，成为我们治疗病毒性疾病的首要问题。

俗话说得好，要对症下药，我们就是根据病毒的理化性质，来定性或定量地对病毒进行检测的。针对病毒不同部分的特点，我们采用不同的方法进行检测。如果要检测病毒的外壳蛋白，我们通常采用的是血清学检测。血清学检测是根据相应的抗原与抗体在体外一定条件下作用，可出现肉眼可见的沉淀、凝集等现象从而判断病毒的存在及其数量的。酶联免疫吸附试验（EI ISA）就是一种血清学检测，它在我国当前的免疫学检测中占主导地位。而我们比较熟悉的乙肝两对半检测也是基于血清学检测的原理进行的。

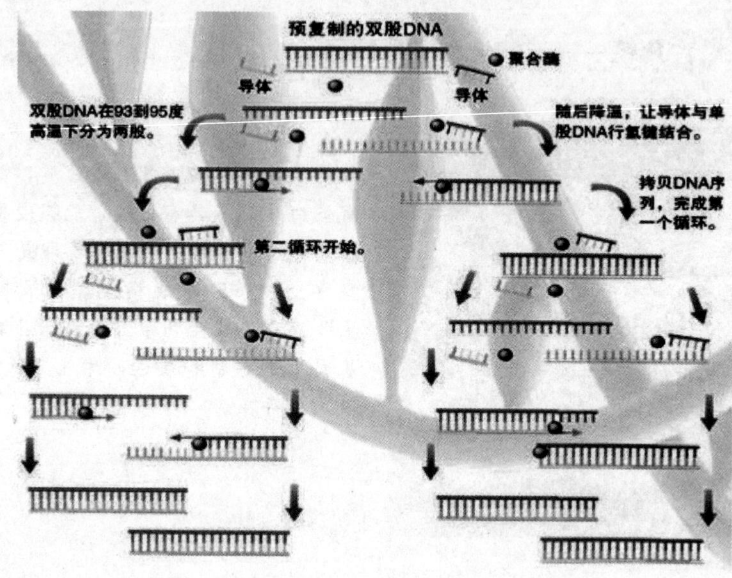

▲PCR 原理

随着分子生物学和基因工程技术的发展，病毒核酸检测也蓬勃发展。何为病毒核酸检测？顾名思义，它是以病毒的基因组核酸为检测目标的一种检测病毒的方法。病毒核酸检测方法非常多，现在应用比较广的是聚合酶链式反应(PCR)，它是一种将特定的 DNA 片段在体外快速扩增的方法。比如说甲流病毒的检测就可以采用 PCR。我们只要使病毒的 RNA 片段逆转录成 DNA，然后扩增，就可以用琼脂糖凝胶电泳将其检测出来了。

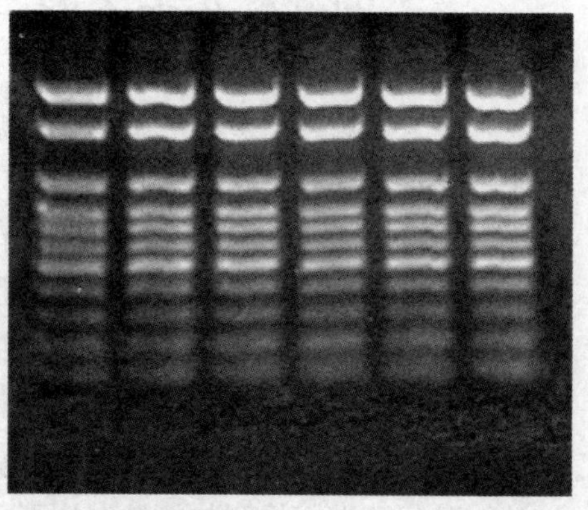

▲琼脂糖凝胶电泳

万花筒

你知道乙肝两对半检测吗?

乙肝两对半检测包括乙肝表面抗原(HBsAg)、乙肝表面抗体(抗一HBs)、乙肝e抗原(HBeAg)、乙肝e抗体(抗一HBe)及乙肝核心抗体(抗一HBc)共5项指标,故称“乙肝两对半”。

原理介绍

酶联免疫吸附试验的原理

酶联免疫吸附试验的原理是将特异性抗原或抗体吸附于固相载体上。使其与待测标本中的相应抗体或抗原结合,然后加酶标记的抗原或抗体,再加底物显色,最后根据色泽深浅推算待测抗原或抗体的含量。

兵来将挡,水来土掩 ——病毒克星闪亮登场

当我们检测出人体患了某种病毒性疾病后,首要的任务当然是主动出击,根据各种疾病的特点,采用相应的治疗策略,积极治疗疾病。抗病毒感染的途径很多,如直接抑制或杀灭病毒、干扰病毒吸附、阻止病毒穿入细胞、抑制病毒生物合成、抑制病毒释放或增强宿主抗病毒能力等。随着科技的进步,各种病毒克星纷纷闪亮登场,为人类的健康与病毒进行殊死搏斗。

无环鸟苷

无环鸟苷又称阿昔洛韦,是一种广谱高效的抗病毒药。它曾因其极高的选择性和低细胞毒性而被视为抗病毒治疗新时代的开始,它的发明者美国药理学家格特鲁德·B·埃利恩也因此而获得1988年诺贝尔生理学或医学奖。它只含有部分的核苷结构,本身不是抑制剂,而是在宿主正常细胞

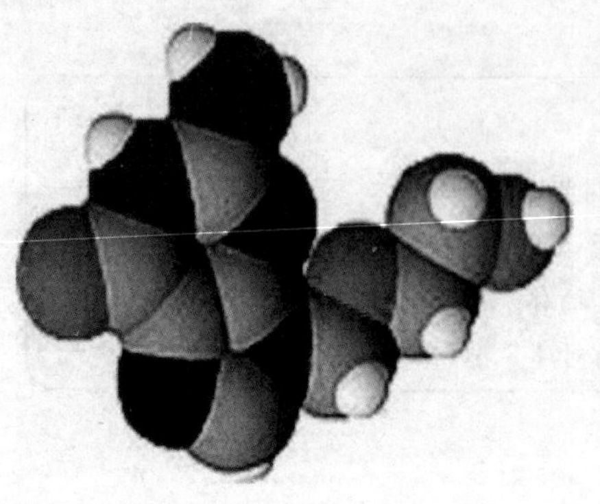
▲无环鸟苷

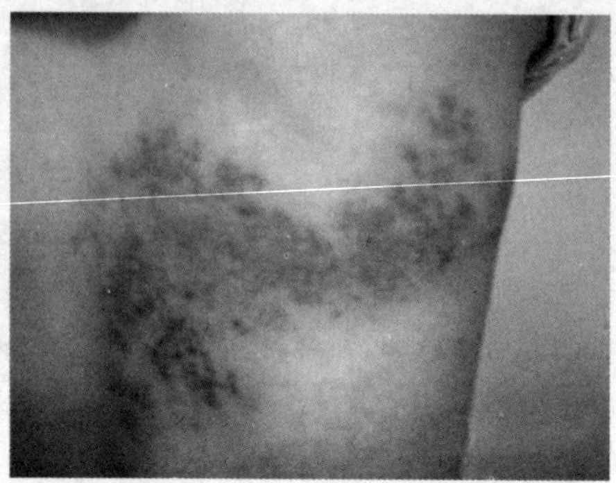
▲病毒性疱疹

的磷酸激酶作用下，转化为具有抗病毒活性的三磷酸阿昔洛韦。所以又可以称为活性物质的前体。无环鸟苷对单纯性疱疹病毒、水痘、带状疱疹病毒最敏感，对乙型肝炎病毒、EB病毒和巨细胞病毒均有抑制作用。它不仅可用于局部，还可用于全身的治疗或预防疱疹病毒感染。它毒性低、起效快，口服基本无副作用。

干扰素

干扰素是脊椎动物细胞在病毒感染受其他刺激后，体内产生的一类抗病毒的糖蛋白物质。它能与周围未感染细胞上的相关受体作用，促使这些细胞合成抗病毒蛋白，防止进一步感染，从而起到抗病毒的作用。20世纪80年代以后，人类已经可以通过生物工程手段批量生产干扰素用于临床治疗。由于干扰素必须在局部细胞中达到较高的浓度才能诱导宿主细胞合成抗病毒蛋白，因此干扰素治疗效果取决于能否将一定剂量的干扰素输送或注射到病灶。目前，干扰素主要用于病毒性感染，如病毒性角膜炎、肝炎、流感以及恶性肿瘤等的治疗或辅助治疗。

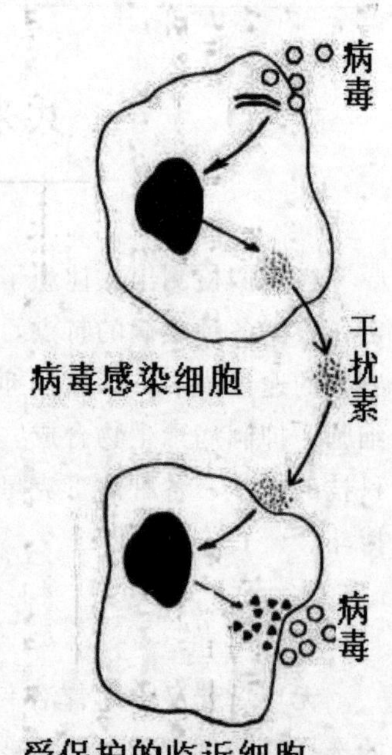

▲干扰素作用示意图

恩替卡韦

恩替卡韦为抗病毒药物中的核苷类逆转录酶抑制剂，该药物可以破坏乙型肝炎病毒的复制并减少其数量。

盐酸金刚烷胺

盐酸金刚烷胺也是一种抗病毒药，它能显著抑制病毒脱壳作用，使病毒核酸不能脱壳，抑制病毒侵入宿主细胞。它主要用于防治甲型流感病毒所致呼吸道感染，也有利于神经元的贮存部位释放多巴胺，对特发性帕金森综合征疗效优于抗胆碱药，可缓解药物引起的锥体外系反应。临床用于治疗特发性帕金森氏综合征和伴有脑动脉硬化的帕金森氏综合征的老年患者。

你知道吗？——何为广谱抗菌，何为窄谱抗菌？

▲未来的理想——植物生产干扰素

每种抗生素都有自己的抗菌范围，称为抗菌谱。凡是抗菌谱即抗菌范围不广泛的抗生素称为窄谱抗生素。如青霉素只对革兰氏阳性菌有抗菌作用，而对革兰氏阴性菌、结核菌、立克次体等均无疗效，故青霉素就属于窄谱抗生素。相反，氯霉素、四环素在以往由于对革兰氏阳性菌、革兰氏阴性菌、立克次体、沙眼衣原体、肺炎支原体等也都有不同程度的抑制作用，所以被称为广谱抗菌药物。其使用原则为可用窄谱抗生素治疗感染时，则不用广谱抗生素。

风雨过后见彩虹——病毒性疾病的治疗前景

病毒性疾病的治疗虽然有些瓶颈还没有攻克，但是其前景是广阔的。由于病毒会生病，因此可以筛选出一些“病毒克星”作为病毒性疾病治疗的药物，通过使病毒生病有效地治疗病毒性疾病。可见病毒性疾病从原理上分析是可治疗的，但问题的关键是如何寻找到能选择性地有效抑制病毒的复制而不伤害宿主细胞的“病毒克星”，并将其制作成能被人使用的药物。能否找到合适的“病毒克星”，成为影响病毒性疾病治疗发展的关键因素之一。

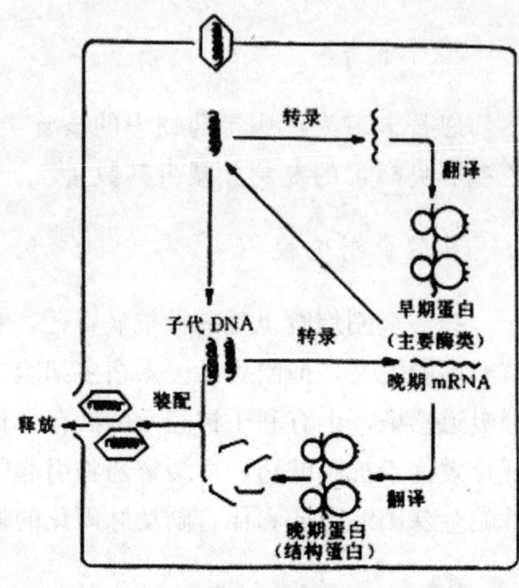

▲DNA 病毒复制的主要步骤

如果从宿主细胞内会干扰病毒复制的物质入手，在选择药物时，需要关注的有：病毒基因的表达——转录、mRNA 的剪接、转运细胞质以及翻译等依赖宿主细胞器的程度远大于它的基因组复制，因此寻找“病毒克星”，应该从病毒自身编码的聚合酶特异性入手，以便降低“病毒克星”对正常细胞造成干扰的可能性，即提高药物的选择性、降低其毒性。

如果从亚病毒因子入手，制约因素主要有：目前已知的卫星病毒或卫星 RNA 种类有限；卫星 RNA 不能彻底地抑制辅助病毒的复制，且本身具有较高的突变率。但是随着人们对病毒基因组的深入研究，越来越多的亚病毒因子被发现，亚病毒因子在病毒性疾病治疗方面的应用也将得以发展。

▲人类与病毒的战争充满着胜利的希望

人类对病毒基因组结构与功能、基因组复制、基因表达及其调控机制的不断深入研究，将为病毒性疾病的治疗提供更多的理论基础及其科学依据。相信在不久的将来，“病毒克星”在病毒性疾病治疗上的应用，会使病毒性疾病得以根治。

谨防病从口入
——食品与病毒

俗话说得好，“民以食为天”。正像鱼离不开水一样，老百姓的生活离不开吃。我们往往很讲究食物的烹饪，讲究色香味俱全，但是，在这种热情背后也潜伏着危机。我们得从对美食的陶醉中清醒，因为，食以安为先，一例例令人痛心的食物性中毒事件逼着我们去正视食品安全问题。本文就让我们一起关注食品与病毒，为食品安全敲响警钟。

▲新鲜的瓜果蔬菜背后的危机

好好食品缘何成健康杀手

可供人食用的东西就可以称之为食品，通常包括蔬菜、水果、水产品、乳制品、畜禽肉类等等。那么这些食品是怎么被病毒感染的呢？病毒污染食品主要来自于受感染的人与动物，其中动物包括鼠类和昆虫。病毒是寄生性的生物，那么假如它从受感染的人或动物身上转移到了食品中，能否寄生在食品中，能否在食品中增殖呢？一般病毒在食品中不会增殖，因为食品中没有其增殖的条件。有时细菌或其他微生物同时污染食品，引起食品腐败变质，那么病毒生存的微环境就改变了，它就更容易死亡了。然而，病毒的威力就在于即使是极少量的病毒污染食品，对人也仍具有潜在的危险。同时，因为病毒本身不会引起食品腐败，所以不易察觉，我们就更容易掉以轻心而无法预防。病毒的感染剂量非常小，并能从任何一个点侵入食品加工过程，这一切都是对我们的食品安全工作的很大挑战。

广角镜——病毒污染食品的方式

病毒以不同的方式污染食品。一种是在加工制作之前已被病毒污染，我们称此种方式为原发性污染，即食品直接取自受感染的动植物，如肉类在畜禽被屠宰之前就可能被污染，我们已经发现动物在传播人类疾病过程中起着载体的作用。第二种方式是在食品的收获、储藏、加工、运输和销售过程中被病毒污染，污染源可能是被污染的水，也可能是携带病毒的食品从业人员，也可能是生物媒介传播造成的。我们称这种污染方式为继发性病毒污染。

罪魁祸首大追踪——解密食源性病毒

脊髓灰质炎病毒

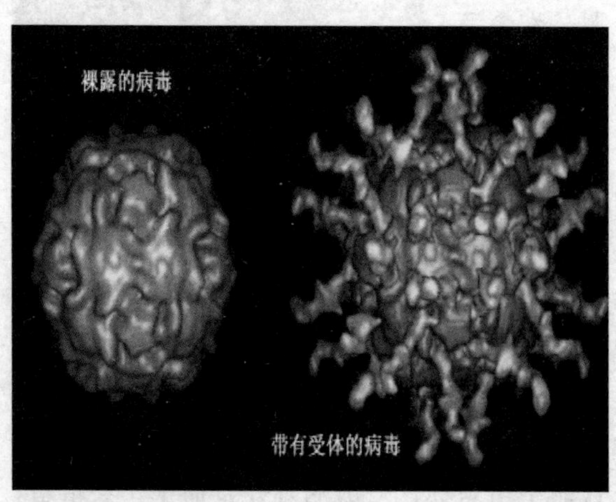

▲脊髓灰质炎病毒

直到 20 世纪 40 年代，脊髓灰质炎（俗称小儿麻痹症）病毒是唯一被证实的食源性病毒疾病。食源性脊髓灰质炎主要是由于食用了未经过巴氏消毒的牛奶或再污染的牛奶而发病，感染是因为牛奶在生产、加工、贮存和处理过程中被病毒污染。人类现在能消灭这种病毒了吗？我们还敢喝牛奶吗？现在大家大可以放心，因为疫苗发挥了很大的预防作用。脊髓灰质炎疫苗成功地控制了大多数国家的发病率，只有少数发展中国家还有脊髓灰质炎发生。在人类成功灭绝天花之后，世界卫生组织把脊髓灰质炎列为第二个

即将消灭的传染病。

类诺沃克病毒

急性胃肠炎是威胁人类健康的重要疾病，是在发达国家或发展中国家中引起流行或地方性流行的疾病，也是导致婴幼儿死亡的第二大疾病。类诺沃克病毒是引起急性胃肠炎的病因之一；人类是其唯一已知的宿主。类诺沃克病毒是一组小而圆的、结构类似于诺沃克病的病毒，通过粪一口途径传播，通常导致肠胃炎，潜伏期为12～48小时（平均36小时），症状有呕吐、腹泻，病程大约24～48小时。上述发病模式经常作为该病暴发的诊断基础。病毒在病人症状表现期间随粪便排出体外，继续传播。目前已确认食物不是该病毒唯一的传播方式，但是一个重要的传播媒介。

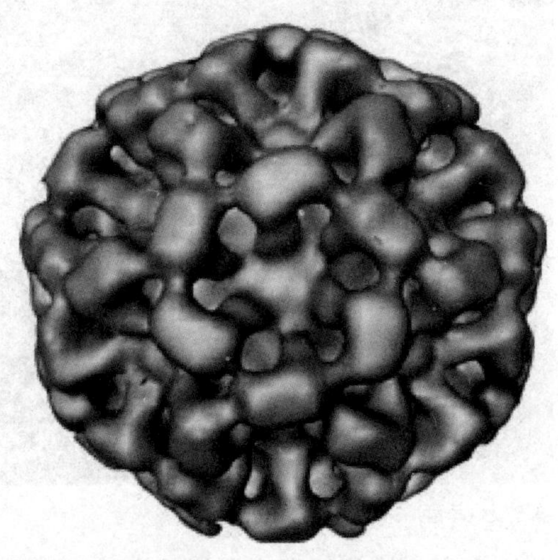

▲类诺沃克病毒

肝炎病毒A（HAV）

甲型肝炎（简称甲肝）是20世纪40年代被确认的病毒性食源性疾病，其发病主要与贝类食品有关。最近的疾病调查表明，受HAV污染的未加工的农产品引起的食物性肝炎A比先前所认识的更加普遍。与肝炎A疾病暴发有关的蔬菜有草莓、莴苣、悬钩子、绿色洋葱。

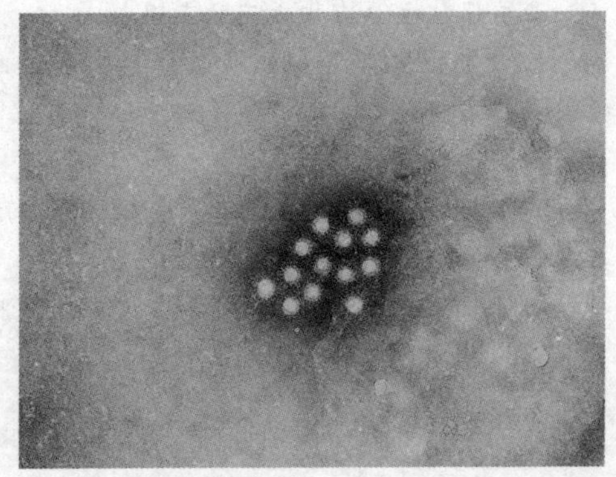

▲电子显微镜下的甲型肝炎病毒

甲型肝炎的隐性感染比临床发病更加普遍，症状一般为发热、全身不适、厌食、恶心

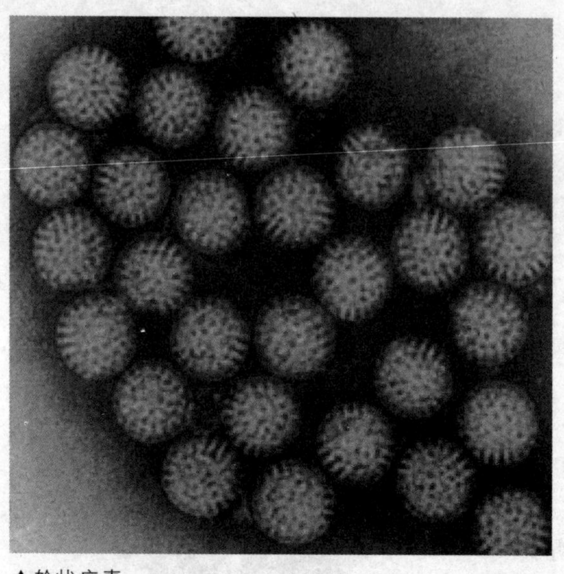
▲轮状病毒

和腹痛等，在症状出现几天后出现黄疸体症。病程通常持续1～2周，但如果是体质衰弱的病人，其病程可能持续数月。该病毒的载体包括所有被粪便污染的食品。

轮状病毒

轮状病毒是导致婴儿和儿童（偶尔也有老人）胃肠炎的常见病因。它是通过粪－口途径传播的，食品偶尔也作为该病毒的传播媒介。轮状病毒病原体是直径为70纳米含有双链RNA的病毒。

你知道吗？——什么是黄疸病征

生活中我们会经常听到黄疸这一词汇，也听到过别人说到黄疸体征。那么黄疸体征到底是人体怎么样的一种状态，能够用肉眼辨识出来吗？

黄疸体征主要有四方面的表现：

1. 皮肤、巩膜等组织黄染，黄疸加深时，尿、痰、泪液及汗液也被黄染，唾液一般不变色。

2. 尿和粪的色泽改变。

3. 病人常有腹胀、腹痛、食欲不振、恶心、呕吐、腹泻或便秘等消化道症状。

4. 胆盐血症的表现，主要症状有：皮肤瘙痒、心动过缓、腹胀、脂肪泻、夜盲症、乏力、精神萎靡和头痛等。

不同食物的食源性污染

我们日常的食物主要是以蔬菜、水果、肉类、乳制品为主。病毒对这些食物有兴趣吗？它们会污染这些食物吗？

已证实，家畜如猪、牛、羊等身上均带有一些人类病毒，如曾有人从猪肉火腿、香肠中分离出高浓度的病毒，甚至能从经过加热至60℃半熟的肉馅中分离出病毒，也有因食用汉堡包、牛排引起甲型肝炎暴发的报道。目前，世界范围内肉类食品的消费量非常巨大，所以肉类食品的安全问题尤其值得关注。

▲苍蝇是很多病毒和细菌的传播者

20世纪初以来，生牛奶常引起骨髓灰质炎病和传染性肝炎的暴发。生牛奶是如何被病毒污染的呢？通常，生牛奶是被带有病毒的食品加工人员、污染的炊具和苍蝇所污染。已证实，苍蝇是病毒传播的媒介，可使病原体在社区内广为传播。这是因为一方面沾染了脊髓灰质炎病人粪便的苍蝇所带的病毒可存活数周之久，另一方面，忽视防蝇灭蝇工作或者防蝇灭蝇工作没有做好。

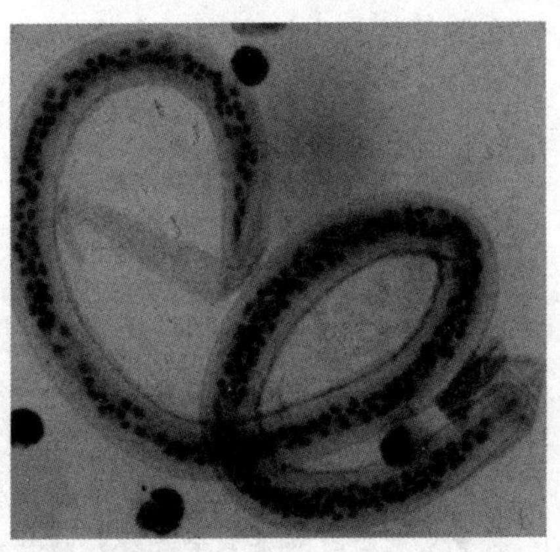
▲寄生蠕虫

蔬菜通常是在收获后的加工过程中被污染的，但也有可能是在收获前被污水灌溉所污染。灌溉会导致许多细菌、原生动物、寄生蠕虫和病毒引起的疾病暴发。例如，病毒性肝炎就是由于食用了被化粪池的水污染了的水田所产的食品而发病的。那么病毒是如何污染蔬菜的？通常有两种方式，一种是病毒存留在蔬菜表面和菜田环境，特别是那些生长周期比较短的和经常用于生食的蔬菜极易因为病毒残留而导致被污染。举个例子，现已证实在现场条件下，用污水污泥和废水喷灌的莴苣和胡萝卜上，脊髓灰质炎病毒可存活 14～36 天，36 天的时间对于种植和收获像胡萝卜类的作物来说已经足够了。所以残留在蔬菜表面的病毒就能通过蔬菜进入人体引起疾病。另外一种方式是通过植物根系吸收病毒，并可将其运输至植物的茎与叶。例如曾发现小鼠脑脊髓病毒有时会运输到豌豆、马铃薯或番茄的地上部分。

相比之下，水果与疾病暴发的关系比蔬菜要小。水果究竟有什么看家本领来阻击病毒呢？这是因为有些水果具有抗病毒活动性。这在草莓和葡萄中特别明显，葡萄引起病毒灭活的秘密武器是其果皮中存在着大量的酚类化合物。它们与病毒暂时络合而使其灭活。但是，我们也不能掉以轻心，这种络合关系在动物与人的消化道内也许会解离，所以我们吃葡萄还是得把皮洗干净了或者剥皮再吃。红葡萄酒中酚类含量比白葡萄酒高出许多，所以前者具有更高的抗病毒活性。多酚，包括单宁，是葡萄汁、苹果汁和茶等饮料中抗病毒的有效成分，这就是我们要常常食用这些食物的原因之一。

想一想议一议

蔬菜的“旅程”

当你从菜市场买回蔬菜时，通常你是怎么做的呢？一般情况下，蔬菜一进入家庭，通常被保存在 4～6 摄氏度的冰箱中。在较低的温度与潮湿的条件下，蔬菜表面的病毒可以存活长达 2 个月时间。一般的洗菜方法不能将蔬菜表面的病毒完全洗掉，而且是否能洗净，还取决于蔬菜的外形。与光滑的番茄和辣椒相比，莴苣有多皱的表面，不易洗净。

相关链接——筑起食品安全的长城之病毒检测

与细菌相比，针对食品回收病毒方法的工作做得很少。目前，已建立的适用于食品中分离病毒的方法不多。其原则一般是选择适当食品，将其捣碎摇匀，经各个步骤处理使吸附在食品上的病毒释放，再从洗脱液中分离病毒，必要时将洗脱液中病毒进行浓集，以提高检出机会。检测对象一般以粪便中常见的抗力强而较易检测到的肠道病毒为主。

预防为主——食源性病毒疾病的预防

健康是做一切事情的基础，所以，我们有必要提高所有食品操作者的肠病传播意识，特别是要注意无症状感染者的无声传播及症状消退后仍持续散落的病毒的传播。我们无法知道食源性感染中有多少可能性是由于各个不同环节上的人工所导致的。目前，尚缺乏充分的资料判断哪些操作步骤对食品来说是危险的。

对病毒的不同传播路径应该要有不同的防护措施。

对于贝壳类食品，严格控制其生长的水的质量就能防止污染。这包括对商业和娱乐船只的废气排放控制。

对于食品操作者来说，个人卫生在食物性病毒传染的预防中显得尤为重要。个人卫生包括勤洗手和穿外衣。而且这两项要求应该应用于食品链中所有用手拿食品的点上。此外，还有一条基本方针是将带有明显病毒性肠胃炎症状的病人从食品生产链上调开，直到疾病痊愈至少 2 天。

小贴士——世界卫生组织对食品安全的五大建议

1. 保持清洁

比如洗手。拿食物前先用肥皂洗手，食物制备过程中也要经常洗手。便后用肥皂洗手。食物制备过程中，要清洗操作台面并保持餐厨用具的清洁，防止昆

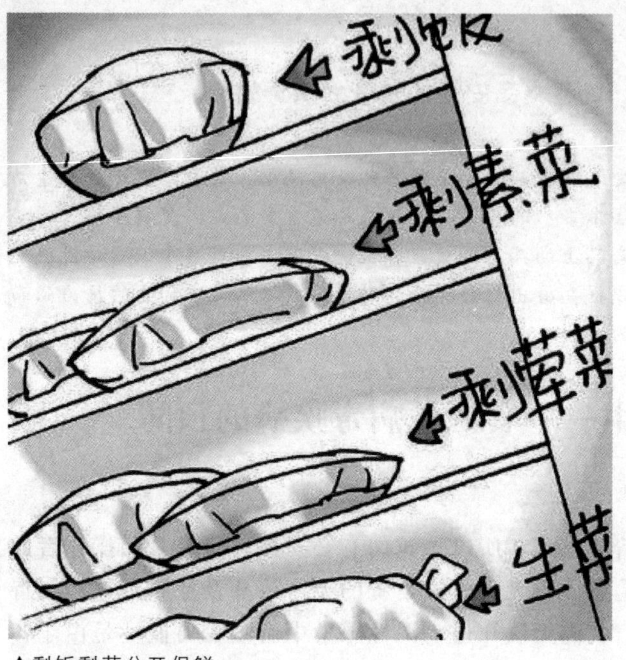

▲剩饭剩菜分开保鲜

虫、老鼠及其他有害生物进入厨房并接近食物。

2. 生熟分开

生鲜肉类、禽类和海产类食物要与其他食物分开；加工处理生鲜食物要用单独的器具，如刀、案板和其他用具；生熟食物要用不同器皿分开存放，不要生熟混放。

3. 完全煮熟

食物，尤其是肉、禽蛋类和海产品要完全煮熟；炖汤、炖菜要煮沸，食物中心温度至少应达到 70℃；肉和禽类食物要煮熟煮透，不能带血丝；最好使用食物温度计；菜肴再次加热要热透；炸、烤和烘制食物时不要过度烹调，以免产生有害物质。

4. 食物要保存在安全温度下

熟食不要在室温下存放超过 2 小时；熟食和易腐败的食物应及时冷藏（最好在 5℃以下）；热餐在食用前温度应保持在 60℃以上；即便在冰箱中，食物也不能储存过久；冷冻食物不要在室温下解冻。

5. 确保水和食物原材料安全

饮用符合安全标准的水；挑选新鲜和有益健康的食物；选择经过安全处理的食物，如巴氏消毒奶等；水果要洗净后再吃，蔬菜也要洗净再加工，尤其在生吃前；不要食用超过保质期的食物。

食品安全问题是关系到民生的大问题。如何杜绝食品中存留病毒，还有很漫长的路要走。但只要我们投入足够的关注，足够的精力，足够的人力物力，我们总有战胜病毒的一天。

想一想

问题一：

水果和蔬菜是健康生活所提倡的两大营养食品。水果蔬菜中的营养成分除了本问提到的水果的抗病毒成分，你还知道哪些呢？有兴趣的同学不妨去查一查。

问题二：

粪—口传播是病毒传播的最主要的途径，如何处理好粪便，也是解决食源性病毒污染问题的一个重要方面。你知道现在的粪便都是如何处理的吗？大家不妨去调查一下。

问题三：

保持社区的环境卫生及注意饮食卫生是预防食源性病毒疾病的一个重要方面，那么，你所在的社区这方面的工作做得如何？你有什么意见可以反映给居委会？你自己又是如何注意饮食卫生的呢？

问题四：

对于病毒的检测，包括病毒的浓缩、分离、回收等方面的工作并不是很多，另外食品市场的全球性又必然要求各国对进口食品进行检验。那么世界上一些比较大的机构，如欧盟食品安全局、中国食品药品监督管理局等是如何对食品进行检测的呢？

潜水杀手——水体中的病毒

“泉眼无声惜细流，树阴照水爱晴柔”。自古以来，诗人们皆好水。这是为什么呢？水为万化之源，生命的起源就在水里；水是独一无二的，在世界上找不出它的替代品；水又是生命的基础，它占了人体体重的70%，也是各项生理活动的基础。如此重要的水，我们是离不开的。有句话说道：“海纳百川，有容乃大。”因为水的这种特质，它也就容易受到各种物质的污染。病毒就是其中的一种隐形杀手。它看不见，闻不到，但是确实是影响我们健康的大隐患。

▲水——生命之源，同时也隐藏着危险

“毒源”大搜查

水是生命的源泉，滋养着人类，但是有时候清澈见底的水却也存在着危机。这个危机是什么呢？没错，就是病毒。我们把污染水体的病毒称为水体污染病毒。那么水体污染病毒是从何而来的呢？其污染源是什么呢？类似于食品中的病毒，其污染源主要是人类的排泄物，尤以粪尿为主。

▲被污染的水体对人类的危害超乎我们想象

迄今为止，在几乎各种类型的水环境中都可以分离到病毒，我们无法断言哪一种水没有病毒。在不断加氯处理过的游泳池水内，甚至在没有粪便指示菌时还检验出肠道病毒。不仅如此，自来水也同样含有病毒。此外，水是流动的，水体中的病毒可随水流远距离散播，任何一个污染源都可以造成很大的污染区。形势如此紧迫，我们必须行动起来，认识病毒，并提高防病毒意识，这是我们每个人必须要做的。

可怕的污水病毒

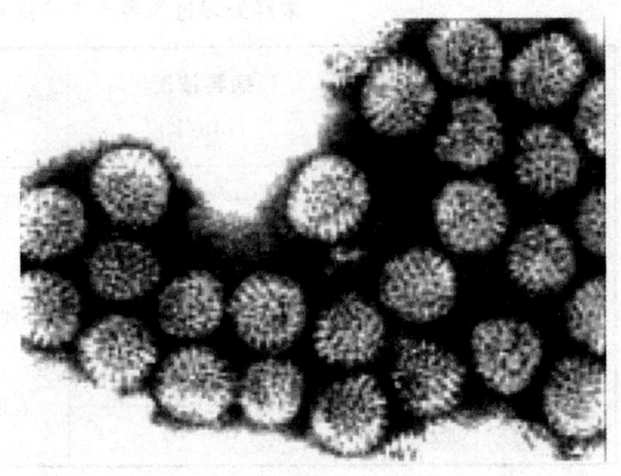

▲电子显微镜下的轮状病毒

污水是人类在生活、生产活动中用过的，并为生活废料或生产废料所污染的水。污水中病毒的种类和含量受很多因素的影响，其中包括地区社会经济水平、生活卫生条件等的差异，还包括该地区疾病流行情况和病例数、带病毒者数量以及疫苗使用情况等。所以，各种结果的出现是受多种因素综合影响的。此外，同一个地区病毒的情况还受季节的影响，甚至在同一天内的不同时间病毒数量也有所不同。肠道病毒，如埃可病毒，在春季流行较多，而轮状病毒则在冬季较为常见。这些病毒的杀伤力是不容小觑的，据统计每年约有 500 万至 1800 万人死于各种病毒引起的胃肠炎疾病，超过 100 万儿童因感染轮状病毒而死亡。具体的人类肠道病毒的死亡率和污水中病毒的浓度可见下面两个表格。从表格中，病毒的杀伤力就可见一斑了。

某些人类肠道病毒在发达国家的死亡率

病毒	死亡率（%）	病毒	死亡率（%）
脊髓灰质炎病毒	0.90	甲型肝炎病毒	0.01～0.12
柯萨奇病毒 A	0.12～0.50	诺沃克病毒	0.0001
柯萨奇病毒 B	0.59～0.94	腺病毒	0.01
埃可病毒	0.27～0.29		

未经处理过的污水中的病毒浓度

地点	病毒	病毒浓度（pfu/L）	地点	病毒	病毒浓度（pfu/L）
美国	腺病毒	10^4～10^5	南非	肠道病毒	710
	轮状病毒	4×10^2～8.5×10^4		肠道病毒	70
	肠道病毒	1×10^5～1.0×10^6	加利福尼亚	肠道病毒	40～50
弗吉尼亚	肠道病毒	10.85	圣地亚哥	肠道病毒	20
福罗里达	肠道病毒	10～70			

惊人“黑幕”——饮用水中的病毒

一天饮用八杯水的说法几乎已经深入人心。我们每天如此大量地饮水，就不得不去关注一个问题，就是饮用水的质量。世界各地引用水的质量差异甚大。在农村和小镇，人们可能直接饮用没有经过处理的水。在大城市，饮用水一般经过处理。但是目前的饮用水处理技术无法保证百分之百地去除源水中的病毒。对于源水污染严重并且处理技术相对落后的发展中国家来说，情况则更为严峻。比如我国，即使水的质量符合国内外许多报道提及的饮用水标准时，也不能保证无病毒，自来水中也存在着病毒。

本来就如此严峻的形势之下，仍然有人不按照饮用水标准进行生产，

这无异于雪上加霜。2005年6月11日，俄罗斯卫生防疫机关会同莫斯科以北两百多公里的特维尔州政府，对一次急性感染的A型肝炎病源进行锁定，基本确定为地下非法矿泉水厂使用细菌超标的劣质水源，不经过任何加工直接灌装。经调查已有上千人饮用。

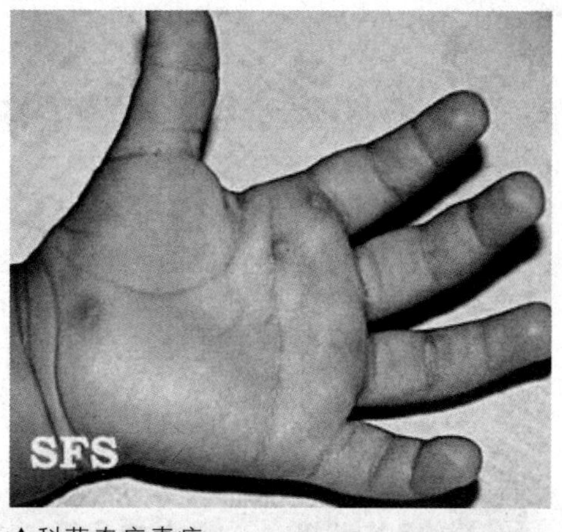

▲科萨奇病毒疹

这个调查结果只是初步的确诊因素之一，到当地时间6月11日中午，特维尔州已有461人被确诊为感染了A型肝炎病毒，其中有117名儿童。6月11日上午入院隔离的人数在持续增加，有57人入院，其中有20人为儿童。此前卫生防疫机关统计人数为612人，其中151人被排除A型肝炎。

▲矿泉水灌装流水线

特维尔州地方政府关闭了特维尔州的所有农贸市场，并对全州工商注册登记的一百多家矿泉水厂进行查验，结果却发现存在二百多家小型作坊式非法矿泉水厂，这些不法厂商利用废弃的地下室，直接将自来水灌入回收的塑料瓶中，然后贴上假商标流入市场。

在我国也不乏这样的事件发生。广东就曾曝光过某天然矿泉水生产流程。正规的矿泉水生产商在进行水桶消毒时都要经过消毒液、碱水等至少8次消毒，灌装水时是机器操作，而该厂的水未经过臭氧等消毒，员工还用手直接接触瓶口，这对饮用此水者构成了相当的安全隐患。

广角镜——正规生产矿泉水之必备要素

生产矿泉水首先必须要有“三证”——矿产开采许可证、生产食品许可证、卫生许可证。在具备“三证”的前提下，才可以申请工商营业执照；其次是要经过国家国土矿产资源地矿部门的严格审查；再次，国家对厂家在环境、卫生、工艺流程等诸多方面也有相关规定。

相关链接——喝水的误区

▲喝水也要讲究科学

我们饮用未经严格消毒的水，必然非常容易引发各类肠道疾病，还容易感染肝炎病毒，尤其是甲肝病毒。不仅如此，由于一些错误常识和不正确的媒体引导，我们还常常会走入喝水的误区。我们要及时总结教训，才能健康地生活。

误区一：自来水可直接饮用

我国自来水的水质还未达到某些发达国家可直接饮用的自来水标准，在这种情况下，将自来水煮沸后再饮用是最经济卫生的消毒方法。

误区二：桶装水方便、卫生

盛放桶装水的水桶会被反复回收再利用，时间一长，很容易造成真菌感染。尤其那些不正规的生产厂家的产品，卫生状况使得水质更加难以保证。由于普通的洗洁精无法达到杀菌效果，因此，水桶内的细菌必须要靠高温灭杀。饮水机中的热水由于反复加温，容易造成矿物质沉积，也影响健康。

误区三：纯净水最健康

纯净水太过“纯净”，所有的矿物质和微量元素都被滤去，对健康反倒未必有利。

误区四："健康饮料"可放心饮用

目前市面上不少"健康饮料"中含有糖、食用色素和食物添加剂，虽然尚无明确研究显示其有害，但也并不表明它们就一定无害。特别是正处于成长发育期的孩子，应该少喝含糖饮料。

误区五：冰镇水卫生无菌

许多腹泻患者发病的一个重要诱因是无节制地饮用冰镇水。喝生水拉肚子是常识，可对于冰镇水，许多人的认识存在着误区。不少人甚至认为冰镇是一种很好的消毒方法，其实，在0～4℃的冰镇环境中，细菌照样滋生，根本不能保证卫生健康。从医学角度说，夏天，人体胃酸分泌相对较少，大量饮用冰镇水、冰镇啤酒会进一步稀释胃酸，造成肠道功能紊乱，由此带来相关疾病。

地表水、地下水的病毒污染

地表水存在于地壳表面，是暴露于大气的水。地表水是河流、冰川、湖泊、沼泽四种水体的总称，亦称"陆地水"。它是人类生活用水的重要来源之一，也是各国水资源的主要组成部分。随着工业的发展，各类地表水每天直接或间接地接纳大量的污水废物，同时，即使是经过处理的污水中仍含有一定量的病毒，世界各地几乎都从地表水中检出了病毒。如在泰晤士河中，检出的病毒量有4～22puf/L，法国塞纳河的是0.3～173puf/L，中国黄浦江有4～50puf/L，中国长江武汉段有200puf/L……

▲奔腾的地表水

地下水是指存在于地壳岩石裂缝或土壤空隙中的水。过去认为地下水受到土壤保护而没有被病毒污染，其实不然，它还是含有病毒的，特别是在废水排放的土地弃置之后，病毒污染更厉害。根据美国的研究报道，由于水质导致的人类疾病暴发，大约70%与地下水污染有关，而其中有相当大的部分与地下水含有致病微生物有关。曾有人在距离污水排放区边缘

▲动感水珠——大家一起来行动

91.5m 处的一口 30.5m 深的饮用水井中分离出病毒。这说明，病毒不仅有垂直穿透土壤的能力，同时也有通过蓄水层横向移动的能力。

其实，不同的水环境中的病毒含量和种类远比我们检测出的要多，因为水中还含有其他的动植物病毒，相比起来人类病毒仅占一小部分。同时水样浓缩又仅能浓集到对外界环境抵抗性比较强的病毒，并且各种病毒所需的浓集条件也不尽相同，无法做到100%有效。分离培养时，不同病毒对培养细胞的敏感性不同，一种水体病毒浓缩方法及动物细胞培养往往只对某些特定的病毒有效，而对其他类型的病毒效果不好甚至无效。这里面，还有许多工作需要完成。我们只有携起手来通力合作，才有可能战胜病毒。

地底下的战争——土壤与病毒

李时珍认为："水为万化之源，土为万物之母。饮资于水，食资于土。饮食者，人之命脉也，而营卫赖之。"灵动的水能激起人们的喜爱之情，赞美之词不胜枚举，而与水同等重要的土，也滋养着生命——我们的粮食、蔬菜、水果无不赖其生长，但是它却显得默默无闻，因为大多数人不习惯将头低下去，去关注土。雨后泥土的芬芳好像也只属于时过境迁之事。虽然人类对土的关注远不及水，但是，病毒这个杀手却是广撒网，它通过一些"渠道"大举入侵土壤。面对如此形势，我们是不是该低下头，去关注一下土壤？

▲保护土壤资源

土壤身家大调查

土壤是指覆盖于地球陆地表面，具有肥力，能够生长绿色植物的疏松物质层。

土壤是不是只是我们平常能看到的颗粒状物质呢？当然不是，土壤可是很有内涵的物质，它的"肚子里"是有货的。土壤是含有固

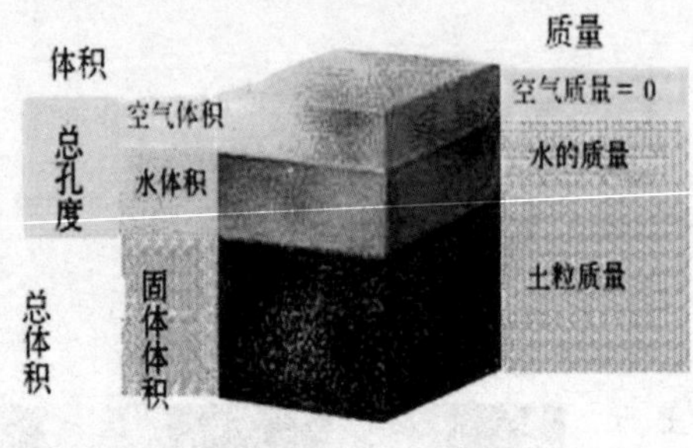

▲土壤成分示意图

体、液体和气体三类物质。土壤的固体物质有矿物质、有机质等。土壤中的矿物质是岩石经过风化作用形成的大小不同的矿物颗粒（砂粒、土粒和胶粒）。它的种类很多，化学组成复杂，直接影响土壤的物理、化学性质，是作物养分的重要来源，而有机质是指含有生命机能的物质。因此，土壤的有机质泛指土壤中来源于生命的物质，包括：土壤微生物和土壤动物及其分泌物以及土壤中植物残体和植物分泌物。液体物质主要指土壤水分，气体是存在于土壤孔隙中的空气，这三者的质量比和体积比可以参照上图。土壤中这三类物质构成了一个矛盾的统一体，它们互相联系，互相制约，为作物提供必需的生活条件，是土壤肥力的物质基础。

你知道吗？——土壤中的毛管孔隙

土壤是一个疏松的多孔体，其中布满大大小小蜂窝状的孔隙。直径0.001～0.1毫米的土壤孔隙叫毛管孔隙。存在于土壤毛管孔隙中的水分能被作物直接吸收利用，同时，还能溶解和输送土壤养分。毛管水可以上下左右移动，但移动的快慢决定于土壤的松紧程度。松紧适宜，移动速度最快，过松过紧，移动速度都较慢。

土壤病毒大搜查

土壤是怎么被污染的呢？一般认为，广泛存在于化粪池、污水污泥、废水等源头的致病细菌和病毒等微生物，由于处理不当，能通过地表和土壤迁移，污染土壤、地表水和地下水。受污染的土壤，当温度、湿度等条件适宜时，又可通过不同途径使人、畜感染发病，如人畜与污染土壤直接接触或生食受污染土壤上种植的瓜果、蔬菜等。另外，随患病动物的排泄

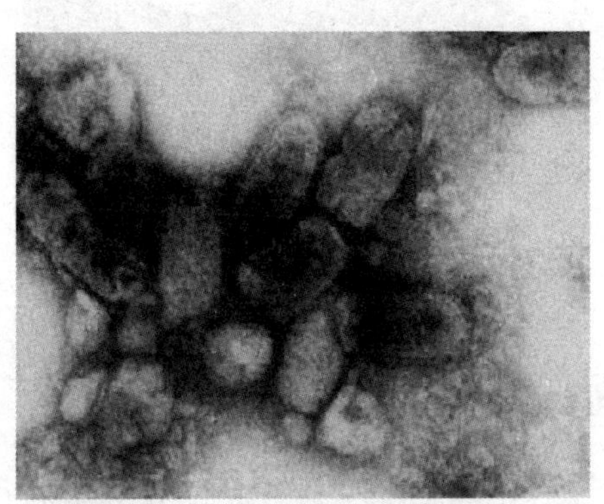

▲柯萨奇病毒是一种肠病毒，分为A和B两类，妊娠期感染可引起非麻痹性脊髓灰质炎性病变，并致胎儿宫内感染和致畸。

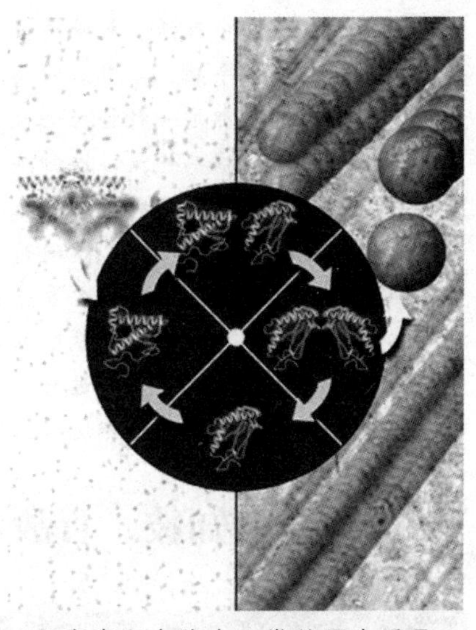

▲朊病毒和大脑中正常的蛋白质具有相同的氨基酸序列，但却是折叠的

物、分泌物或其尸体进入土壤而传染至人体的病毒也有很多。目前在土壤中已发现有100多种可能引起人类致病的病毒，例如脊髓灰质炎病毒、柯萨奇病毒等，其中最为危险的是传染性肝炎病毒。

那么，病毒在土壤中是如何分布的呢？目前，对病毒在受生活污水污染的土壤中的分布已有许多研究。有研究证明，大量病毒都是局限在污物施用地面下15厘米之内，在85厘米处只有为数不多的几种病毒，而在100厘米和120厘米深处只各分离到一种病毒。赫斯特和杰巴研究了脊髓灰质炎病毒注入水洗草地土壤后的分布，发现检出的病毒中91%都是在土壤顶部2.5厘米处，其余的在土壤10厘米和10～25厘米处分别分布有5.1%和3.4%的病毒。

万花筒——土壤与朊病毒

威斯康星大学的科学家们发现，能够引起弥漫性消耗性疾病的病毒——朊

病毒，能够在土壤中存活。朊病毒诱发的慢性消耗性疾病与疯牛病、羊痒病以及人类的新型克一雅氏病等都是一种神经紊乱病，同属于传递性海绵状脑病一族，这种病是无法治愈的。研究人员发现某种类型的土壤能够为这种朊病毒提供藏身之处，这使得动物处于威胁之中，因为动物有时候要靠吃土壤来补充体内的矿物质，这样它们就很容易感染此类病毒。朊病毒极有可能通过感染病毒的动物排泄物或者是病死的尸体进入土壤中。

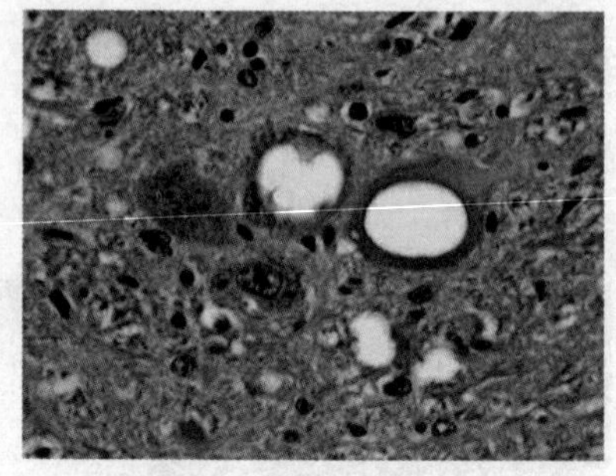

▲患疯牛病的牛脑部组织切片出现空泡

知己知彼，百战不殆——病毒的去除

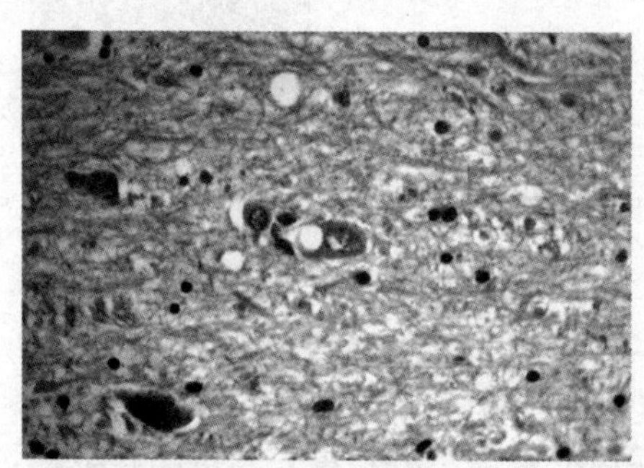

▲克一雅氏病人大脑组织切片也出现空泡

病毒污染土壤，并且对人体健康产生威胁，我们当然不能听之任之。俗话说，知己知彼百战不殆，我们应该先了解病毒在土壤中发生了怎样的故事，然后对症下药，力求去除病毒。

病毒的去除是指病毒在某一环境中的消失并以其浓度对数（以 lg（C/C_0）降低来表示，其中 C_0 为起始病毒浓度，C 为某时刻病毒浓度）来表示。去除病毒是人类努力的目标，那么怎么样才能做到去除病毒呢？经研究发现，吸附与灭活是去除土壤环境中病毒的最主要的方法。病毒对土壤的吸附是病毒在土壤中消减的一个重要过程，然而病毒的实际去除（病毒的消失）是病毒灭活及不可逆的病毒吸附。吸附作用通常指溶液中大部分的颗粒（病毒）被吸附于吸附剂（土壤颗粒）中，直至达到固相与液相平衡位置。吸附作用对病毒的去除有什么作用呢？其实很简单，对于已吸附于土壤颗粒上的病毒，会因病毒无法复制而数量减少。所谓灭活则是在液相环境中病毒因没有宿主而无法复制，造成病毒死亡或灭活。

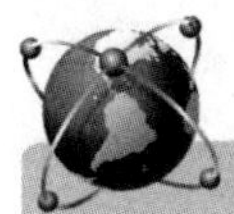

广角镜——影响病毒去除的因素

我们的目标是去除土壤中的病毒，那么究竟哪些因素影响我们去除土壤中的病毒呢?

影响病毒在土壤颗粒表面吸附的因素有土壤类型、病毒类型、pH 值等。土壤是个复杂的多相体，不同土壤含有不同量的砂粒、粉砂、黏粒等，每个组成部分及其性质的不同可能不同程度地影响病毒的吸附。一般来说，黏粒含量高的土壤吸附病毒的能力比砂粒含量高的土壤强。黏粒的表面积比较大，而病毒比较容易吸附在表面积比较大的土壤上；另外，黏粒表面比较容易分布含正电荷的吸附点。摩尔等人发现土壤颗粒中带正电荷总量的多少与病毒吸附量之间存在着显著的相关性。就病毒类型这个因素来说，病毒的吸附是个非常复杂的过程，无数的实验已经证明即使在相似的条件下，绝大部分病毒类型间，甚至同一类型的不同病毒种间的吸附行为是截然不同的。病毒和土壤颗粒之间的相互作用主要发生在病毒的蛋白质外壳和土壤颗粒之间，因而蛋白质外壳的电荷类型及其疏水性能均可能决定着病毒的吸附行为。就 pH 值这个因素来说，由于大部分病毒的蛋白质外壳是由可离子化的氨基酸组成，因而环境 pH 值显著影响其离子化程度，从而进一步影响其在土壤颗粒表面的吸附和解吸行为。许多实验发现病毒在土壤颗粒上的吸附量一般随 pH 值的升高而有降低趋势。

影响病毒灭活的因素包括温度。温度是影响病毒死亡率最为重要的因素。温度越高，病毒的死亡率越高。土壤含水量是决定病毒死亡率的另一个重要因素。干燥时土壤中的病毒可存活 8 天，而潮湿情况下病毒可生存 35 天。厌氧条件有利于延长病毒寿命。随着土壤含水量持续增加，到饱和含水量时，脊髓灰质炎病毒死亡率增加，然后随着含水量的进一步增加（即超过饱和含水量），病毒寿命又延长，也就是说，当土壤含水量在饱和点时病毒死亡率最高。也有人通过一系列实验得出废水中的绝大部分病毒颗粒吸附在直径小于 0.3 微米的固体和其他胶体颗粒上，这些颗粒主要包括黏粒、细胞碎片、废物、其他混杂残骸；但病毒一旦吸附在这些黏粒上，它们的死亡量显著减少。这说明，土壤中的微粒也是影响病毒灭活的一个因素。此外，也有研究证明，病毒在灭菌介质中较在不灭菌介质中的死亡率要低，由此可见其他微生物的活动也是一个影响因素。

总而言之，我们只有一个地球，我们的生命也只有一次，我们要携起手来，保护土壤，抗击病毒。

空中杀手
——大气环境中的污染病毒

▲地球的每个角落都有病毒，包括天空。

鹰击长空，鱼翔浅底，莺歌燕舞，万马奔腾，或柔，或刚。大自然中的生物能够生机勃勃，当然离不开大气的滋养。大气虽然看不见，闻不着，摸不到，但是它确确实实是我们赖以生存的基础。也正是因为其看不见，闻不着，摸不到的特性，使得一种危机悄然而至，而且是防不胜防。那就是大气污染问题。其中，病毒又因其难以检测的特点，就更容易被人们所忽视。由于病毒的强致病性，我们有必要敲响警钟，对抗病毒这个空中杀手。

大气身家大调查

包围地球的空气称为大气，其厚度达到数千千米。为什么大气会包围在地球周围呢？那是因为地球对万物都有吸引力，这层大气自然也被地球吸引住了。我们都知道人类就像鱼儿离不开水一样离不开大气，大气为地球生命的繁衍，人类的发展，提供了理想的环境。那么，大气的神奇魅力在哪，为什么我们离不开它呢？虽然肉眼无法看见大气，但其实它也是由好多物质组成的。地球上的大气有氮、氧、氩等常定的气体成分，有二氧化碳、一氧化二氮等含量大体上比较固定的气体成分，也有水汽、一氧化

▲地球大气层的最外层

碳、二氧化硫和臭氧等变化很大的气体成分。大气只含有气体吗？当然不是，它还含有尘埃、烟尘微粒等固体颗粒和液体的气溶胶粒子。

相关链接1：解密大气之分层

你思考过浸润着我们地球的大气和离我们非常遥远的天空中的大气会有区别吗？当然有，这厚达数千千米的大气层内部也是随着高度的变化而有所不同的。所以，人们又把大气分为几个不同的层，这几个气层其实是相互融合在一起的。我们生活在最下面一层，即对流层中。对流层上面叫作同温层，空气要稀薄得多，这里有一种叫作“臭氧”（氧气的一种）的气体，它可以吸收

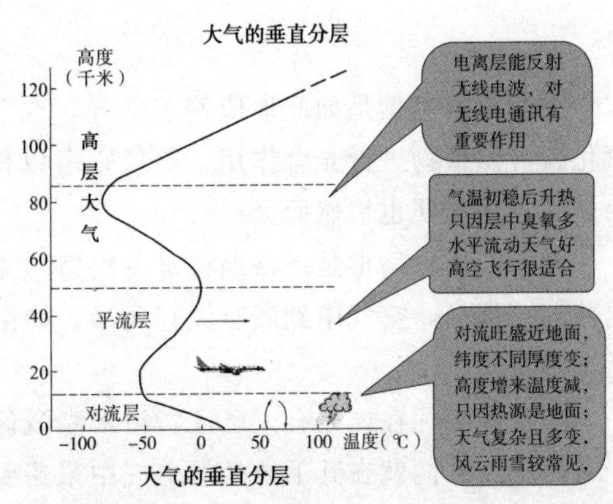

▲大气层分层及各层特点

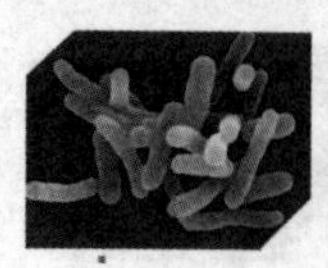

太阳光中有害的紫外线。同温层的上面是电离层，这里有一层被称为离子的带电微粒。电离层的作用非常重要，它可以将无线电波反射到世界各地。

相关链接2：解密大气层之大气的重量

摸不着的空气是不是就没有重量呢？空气并非没有重量，一桶空气的重量大约相当于一本书中两页纸的重量。大气层中的空气始终给我们以压力，这种压力的作用效果被称为大气压，我们人体每平方厘米大约要承受1千克的重量。难以想象吧？不过不用担心，因为我们体内也有空气，有空气也就有压力，这种压力体内外相等，所以，大气的压力才不会将我们压垮。

▲马德堡半球实验证明了大气压的存在，而且也说明了大气压非常巨大。

“隐形”空气中的病毒

地球上的生物是如此地依赖于空气。空气中的氧气可供人类呼吸，二氧化碳可供植物进行光合作用，氮气则可以作为固氮的原料……也正是因为如此，病毒便也悄然而至。

我们知道，病毒是严格地在寄主内寄生生活的，所以在空气中是无法繁殖的。那么，空气中到底有没有病毒，如果有，又有哪些病毒呢？其传播来源是什么？

病毒确实存在。如有人已证实污水灌溉区传染性肝炎的发病率明显高于对照区。人们就在其下风处的空气中采集到了病毒。口蹄疫病毒可借助于空气从一个牧场传播到下风处很远的另一个牧场，从而造成疾病流行。

空气中存在着各种各样的病毒，如弓形虫病毒、风疹病毒、巨细胞病

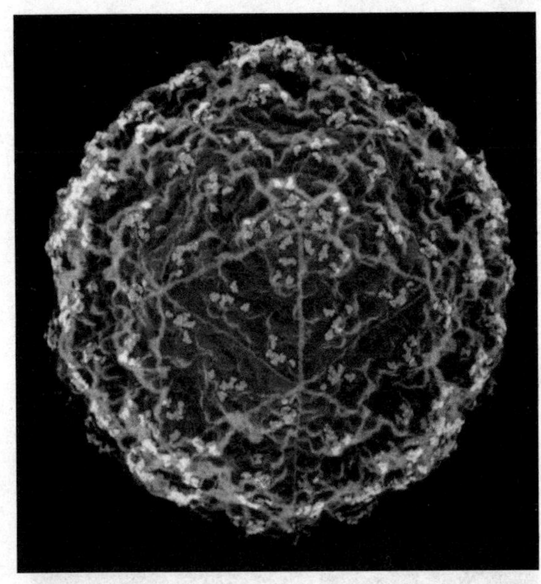

▲鼻病毒

毒、单纯疱疹病毒等。除此之外，国外对家庭中呼吸道病毒的传入与散布也进行了一些观察，进行了病毒监视。在家庭病毒监视研究中发现，鼻病毒比任何已知病毒引起更多的急性呼吸道疾病。在 21 个大学生家庭中，有 10 个呼吸道病人，其中 32%是由鼻病毒所致，7%是由副流感病毒所致。在“病毒监视”的家庭中，腺病毒仅次于鼻病毒。腺病毒的不同之处是它可以从粪便排出。此外，肠道病毒和黏液病毒也是空气中主要的病毒。

研究证明，大部分呼吸道病毒的传播来源是呼吸道分泌物，但也有通过粪便染毒的。就前者来说，如果我们要在人群中逃脱病毒的魔爪，或者说不把病毒传染给其他人，我们应该怎么做呢？打喷嚏时用手帕或纸巾将口鼻掩住是每个人都能做的事情，此外勤洗手也是减少病毒传染的一个重要环节。

小贴士——正确打喷嚏法大揭秘

打喷嚏、咳嗽时的标准动作——挽起手对着胳膊打。

打喷嚏时用手捂住口鼻，的确挡住了飞沫向空气中传播。但是感冒病毒会附着在手上，如果你再用手去摸楼梯栏杆、公用电话、公交车扶手等公共物品，细菌就会传染到这些物品上。可怕的地方在于，鼻病毒或感冒病毒能够在皮肤上存活 3 个小时，这就意味着也可以在电话和楼梯的栏杆等物体上存活 3 个小时。如果是这样，当别人接触到被沾染感冒病毒的公共物品时，就可能患上感冒。此

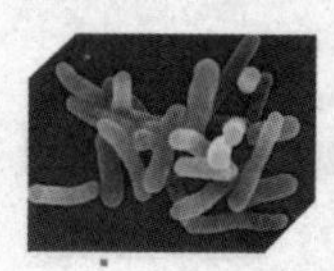

外，感冒病毒如果沾在你的手上，就会很容易地进入你的眼睛和鼻子，从而造成这些部位的感染。如果对着胳膊打，喷出或咳出的飞沫虽然会附着衣服上，但至少会阻断感冒病毒的传播。

此外，最好是在打喷嚏的时候能够用纸巾捂着，这样把纸巾处理好就不容易传播病毒。

气溶胶中的病毒

▲雾、烟、霾、轻雾（霭）、微尘和烟雾等都是天然或人为形成的气溶胶

气溶胶是由固体或液体小颗粒分散并悬浮在气体介质中形成的胶体分散体系。全球因气溶胶引起的呼吸道感染发生率高达20%。世界上约有五百多种致病菌，经气溶胶传播的至少有一百多种，占全部传播途径的首位。因此，不难想象，病毒肯定也会登上气溶胶这趟顺风车，寻找攻击的目标。

▲汽车排放的尾气也会形成气溶胶

那么病毒是如何登上这趟顺风车的呢？它主要通过土壤尘埃、地面水、植物、动物和人类活动等方式被带入空气，以液态和固态粒子的形式存在，并可以借助空气介质扩散和传播，引发人类的急、慢性疾病。

既然病毒的最终目的是要感染生物，那么，病毒在气溶胶中的状态如何，它又是如何释放出来

的呢？其实病毒是吸附在气泡周围的气液界面上，当气泡迸裂时病毒就会溅入大气中，这样病毒就释放出来了。那么这种病毒吸附在气溶胶上的存在方式与直接存在于空气中的方式相比有什么特点呢？其实，以气溶胶的方式溅出来的病毒是浓缩的。有人曾对海浪溅出的水滴这一自然现象进行了研究，结果表明，水滴中病毒的浓度比实验室中海水的病毒浓度高250倍，并可以在陆地上至少漂移30米。这同时也说明，以吸附在气溶胶上的方式存在于空气中的病毒不仅浓度高而且扩散和传播的范围都有所扩大。如此来势汹汹，我们不得不防啊。

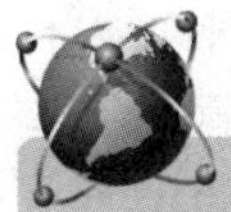

广角镜——常见气溶胶

气溶胶有的来源于自然界，如火山喷发的烟尘，被风吹起的土壤微粒，海水飞溅扬入大气后而被蒸发的盐粒，细菌、微生物、植物的孢子花粉，流星燃烧所产生的细小微粒和宇宙尘埃等；有的来源于人类活动，如煤、油及其他矿物燃料燃烧后的物质，以及机动车辆排放到空气中的大量烟粒等。当气溶胶的浓度达到足够高时，将对人类健康造成威胁，尤其是对哮喘病人及其他有呼吸系统疾病的人群。

▲花粉粒也会形成气溶胶

最后强调一个病毒聚集地——家庭中的厕所。厕所中的病毒很多，在抽水马桶中接种108万个感染单位脊髓灰质炎病毒后放水冲洗，在坐盆高度大约被溅上3000个感染单位病毒；在一个不通风的洗澡间内2小时中有94%气溶胶化的病毒从空气中沉降出来，但很明显仍有少量病毒悬浮在空气中，并持续很长时间。

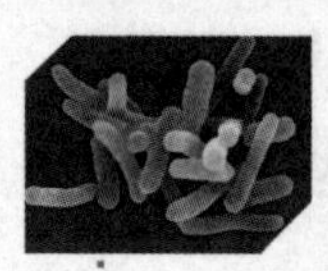

你知道吗？——卫生间的危机

▲马桶清洁不可忽视

每次冲完马桶，貌似湍急的水流将污物与细菌一起卷走了，但上海的一项研究指出，刚刚冲完的马桶内壁上，细菌数量仍高达10万个。美国纽约大学菲利普尔诺博士指出，如果在马桶盖打开时冲水，马桶内的瞬间气旋最高可以将病菌和微生物带到6米高的空中，并悬浮在空气中长达几小时，这些看不见的水会携带着病菌落到周围的墙壁和物品上。与马桶内壁相比，马桶圈和蹲式马桶外侧才是细菌的聚集地。复旦大学公共卫生学院专家曾指出，32%的马桶上有痢疾杆菌，其中一种病菌在马桶圈上存活的时间长达17天，而马桶圈上附着的细菌是马桶内侧的几倍。特别是套布套的马桶圈，细菌数量则可能是马桶内侧的几十倍。蹲式马桶上的细菌同样令人咋舌。美国科学家曾对家居用品进行过一次细菌检测，发现蹲式马桶外侧，每平方厘米就积聚着46个细菌。使用2～3天的座圈布套细菌数量能达到20万个，使用7～10天的座圈布套细菌则高达3000万个。

探秘病毒

病毒的出现似乎总是“犹抱琵琶半遮面”，但可以肯定的是，它的每一次出现都会引起大家的一阵骚动，它“半遮面”的现身方式也让大家对它充满了好奇，于是探寻它的足迹络绎不绝……

那就让我们一起去寻觅，为大家揭开它神秘的面纱吧。

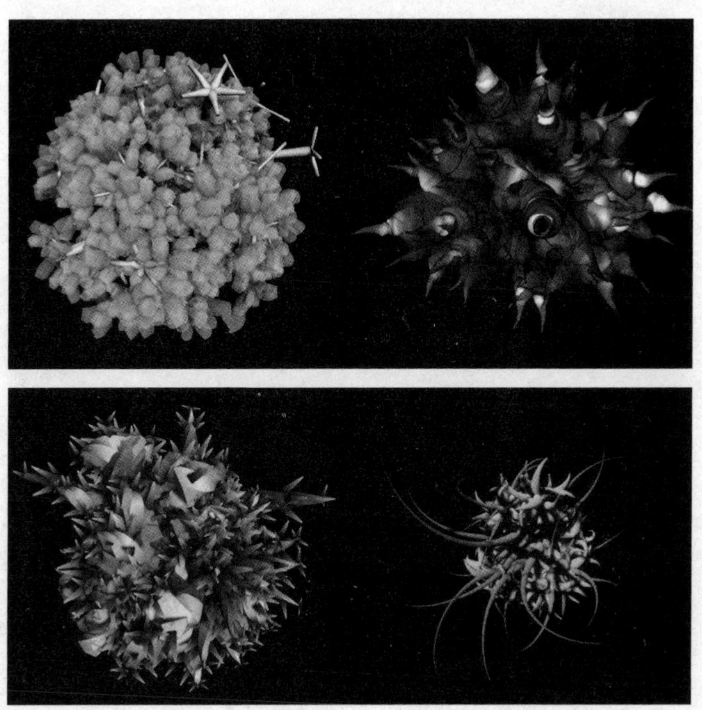

追根溯源——病毒的起源学说

如今，越来越多的病毒登上了历史舞台，演绎它们的悲喜人生。疯牛病，禽流感，甲流感，艾滋病，一波未平，一波又起。随着“病（毒）情”的发展，人们的心也跟着起起伏伏，对台上的这位主角充满了好奇与敬畏。

它来自哪里？它的“家庭背景”如何？它的“祖先”是哪一位？大家纷纷发掘自己的侦探潜力，从病毒留下来的蛛丝马迹中寻找答案。

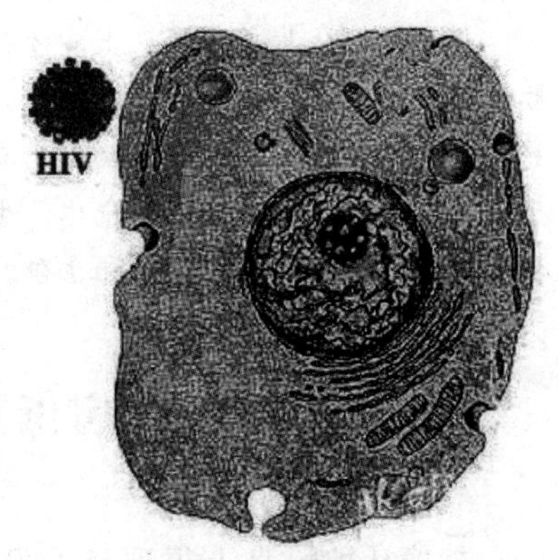

▲先有病毒还是先有细胞

随着研究的深入，人们对病毒的起源形成了四种代表性的假说。

假说一：病毒是最原始的生命形态

科学家发现，病毒既有化学大分子属性，又兼有生物的部分特征，于是就根据生命起源学说和分子进化理论大胆猜想，病毒是不是从无生命到有生命的过渡型物质呢？其位置是不是处于化学大分子和原始细胞之间呢？如果真是这样，那地球生命演化的过程应进一步完善为：无机物—有机物—化学大分子—病毒—原核生物—真核生物。这是多么完美的一个过程啊！

▲病毒结构非常简单

但遗憾的是，目前我们尚未发现任何可以支持此理论的证据，这还只是一个纯粹的假设。

小知识——生命起源于何处？

关于生命的起源，历史上有过种种看法。有神创论、自生论、生生论、宇宙胚种论、化学进化论等。目前科学界比较认同的是化学进化论。此学说认为在原始地球条件下，无机物可以转化为有机物，有机物可以发展为生物大分子和多分子体系，直到出现原始的生命体。生命起源的大致过程可以勾画为：无机物—有机小分子—化学大分子—原始生命。

假说二：病毒是由微生物退化而来

就像从蝙蝠身上得到启发发明了雷达一样，科学家从两种特殊的细菌——立克次氏体和衣原体（它们是比细胞小，也更原始的原核生物，需要在寄主细胞内才能自我复制）的身上得到了启发，认为病毒可能曾经是一些寄生在较大细胞内的小细胞。寄生生活过久了，对寄主产生了极大的依赖性，自己的能力也在慢慢下降，那些在寄生生活中非必需的基因逐渐消失，久而久之便丧失了独立的自我繁殖能力，离开寄主便不能生活，只有在重新进入寄主细胞中后才能焕发出青春活力，最后便彻底沦落成为了只能过寄生生活的病毒。

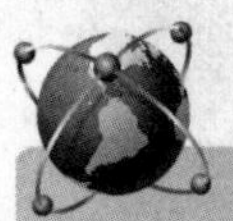

广角镜——奇特的立克次氏体和衣原体

立克次氏体和衣原体都是一类代谢活性丧失、专性活细胞寄生的致病性原核生物，是介于细菌与病毒之间，而接近于细菌的一类原核生物。

1909 年，美国病理学家霍华德·泰勒·立克次（1871～1910 年）首次发现落基山斑疹伤寒的独特病原体，并被它夺走生命，故名立克次氏体。立克次氏体一般呈球状或杆状。

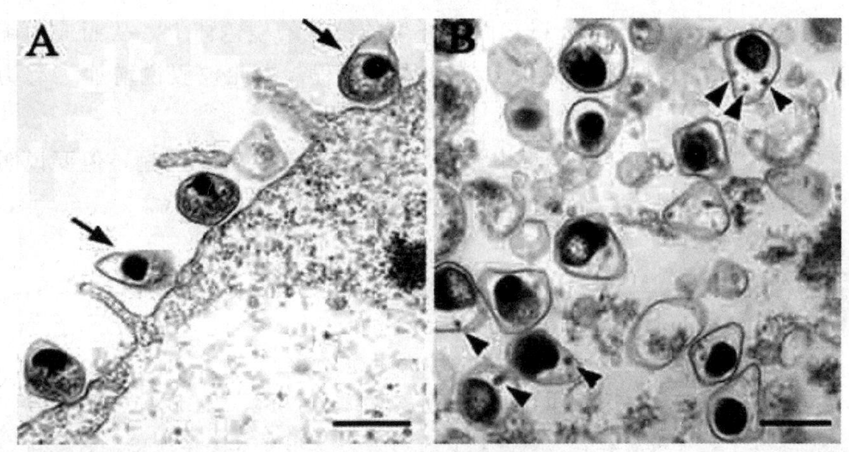

▲箭头所指即为衣原体。左：吸附在巨噬细胞表面的衣原体　　右：进入细胞内部的衣原体

衣原体能够通过细菌滤器。曾有一段时间认为衣原体是“大型病毒”，但现在确定，衣原体有许多细菌的性质。由于它没有产能系统，ATP得自宿主，故有“能量寄生物”之称。

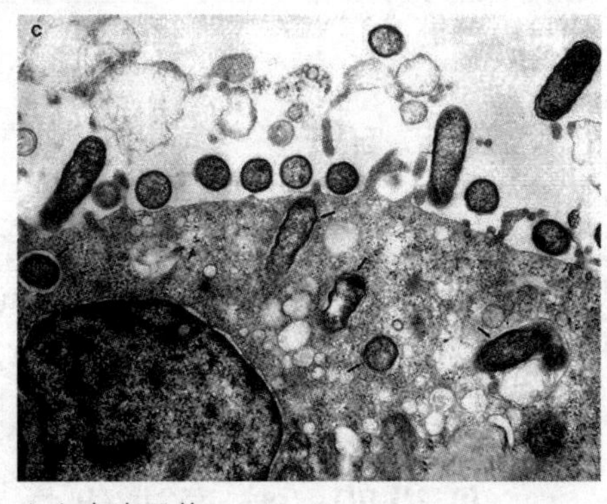

▲立克次氏体

但这个假说也有它的弱点，我们在细胞内无法找到寄生的小型细胞生物，并且在立克次体和衣原体中也未发现病毒，故这个假说成立的证据不足。

假说三：病毒来源于正常细胞的核酸

此种假说认为病毒来源于正常细胞的核酸。由于偶然的机会，DNA或RNA片段从正常细胞内“逃离”出来，独自闯荡江湖，并自成一派，历经数代，一直发展成为今天“人”数众多，实力雄厚的“病毒一族”。

逃离的DNA可能来自“质粒”或“转座子”。因为质粒可随时脱离细胞，并在细胞间传递，这一点与病毒是类似的。并且相当多的DNA病毒

的 DNA 能全部或部分结合到它们所寄生的细胞的染色体上，从而成为细胞的一部分。这正好是细胞核酸外溢的逆过程，为此种假说增加了有力证据。

这个假说虽然在一定程度上解决了 DNA 病毒的起源问题，但要说明 RNA 病毒的起源则相当困难，因此，它仍是有缺陷的。

万花筒

质粒的巨大用途

质粒是一段能够进行自主复制的遗传单位，为闭合环状 DNA 分子。在基因工程中，常用质粒作为载体，负责将外源基因导入受体细胞。它之所以能担当如此重任，是由它的本性决定的：1. 具有自主复制能力；2. 具有一个或多个酶切位点；3. 具有可标记的筛选位点；4. 分子量小。

你知道吗?

转座子，又名转位子、跳跃基因。是基因组中一段可移动的 DNA 序列，它能够从基因组的一个位置跳跃到另一个位置，故此得名。1951 年巴巴拉·麦克林托克在研究玉米时发现了它。

假说四：病毒进化自蛋白质和核酸复合物

前几种假说都认为病毒是“脱胎”于细胞，但也有一部分人认为病毒与细胞的关系应该是“兄弟”，而非“母子”，即病毒与细胞是同时出现在远古地球上的，并且一直在细胞的帮助下生存至今。

朊病毒虽然缺乏核酸，但依然能够复制，这是因为朊病毒自有它的“如意算盘”和“独门妙术”。在生物体内存在与朊病毒具有相同序列但结构不同的正常蛋白质，而朊病毒可以使这些正常蛋白质的结构发生变化，转化为朊病毒，这样新产生的朊病毒又可以感染更多的正常蛋白质，使得朊病毒越来越多。它就是通过这样不断影响正常细胞，使越来越多的正常

蛋白质“举旗叛变”，加入它们的行列。虽然朊病毒与病毒的本质不一样，但朊病毒的发现进一步提高了病毒进化自蛋白质和核酸复合物假说的可信性，说明病毒可能进化自能够自我复制的分子。

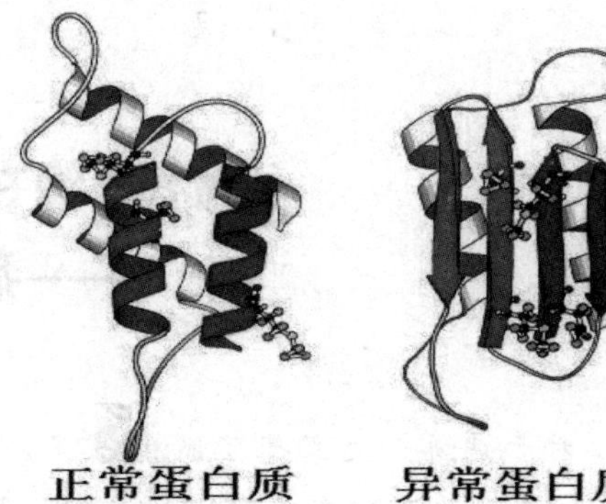

▲正常蛋白质被朊病毒感染后会转变成朊病毒，从而也具有了感染性

如今的科技越来越发达，人们利用分子生物学技术及计算机技术来分析病毒和宿主核酸序列的信息，以期对病毒的进化关系有一个更好的了解，但至今这类分析还没能够决定哪一种假说是正确的。人们开始反思，并不一定所有的病毒都来自同一祖先，不同的病毒可能是通过一种或多种途径在不同时期产生的。

关于病毒起源的探索还在进行着，希望对此感兴趣并有志于科学研究的同学们能够加入这个行列。

生命边缘的生物体——病毒

对于病毒，大家想了解的很多，同时病毒又有太多的东西可以让我们了解，这可该怎么办呢？不急，下面我们就从它的各个侧面去了解它，认识它。

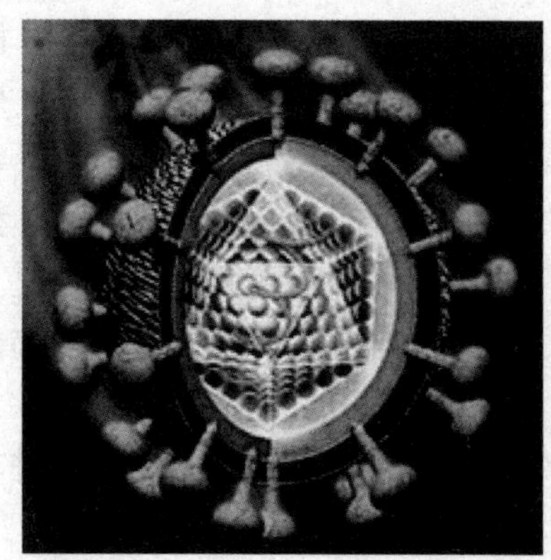
▲丙肝病毒

病毒到底有多大？

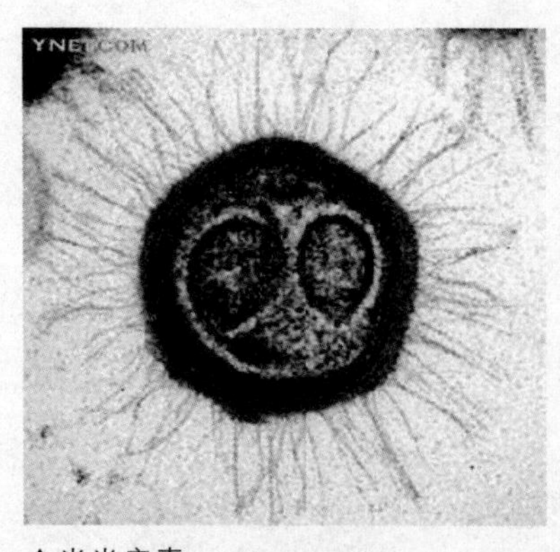

▲米米病毒

病毒来袭时威力很大，我们可能会认为它是一个如深山猛兽般的庞然大物。其实，病毒大概是引起人类疾病的最小实体，大多数病毒的直径在10～300纳米之间，用普通的光学显微镜是看不到的，我们需要借助电子显微镜将其放大几万甚至几十万倍，才能观察到它的形态结构。

在病毒家族中，它们的“个头”也是有大有小，大型病毒（如牛痘苗病毒）

直径约200～300纳米；中型病毒（如流感病毒）直径约100纳米；小型病毒（如脊髓灰质炎病毒）仅20～30纳米。如2003年发现的“米米病毒”，它比一般的病毒大得多，约为650纳米左右大小，几乎有小型细菌那么大，它寄生在水生单细胞动物阿米巴变形虫中。

病毒有哪些特殊之处?

病毒自有它的一些过人之处，下面我们就一起来看看它的那些特殊之处。

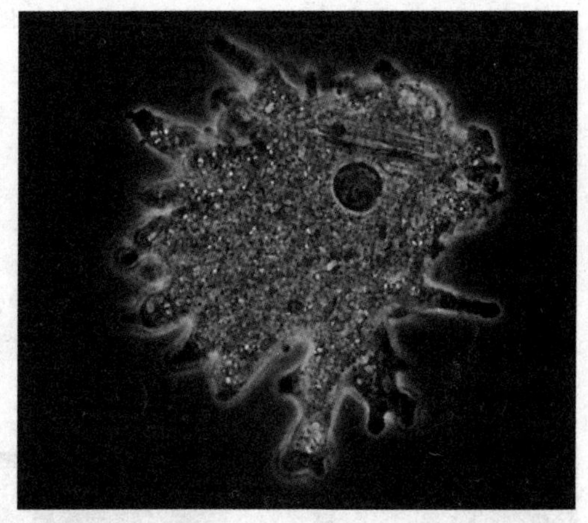

▲阿米巴变形虫

1. 与其他微生物相比，它的形态极其微小，一个一般大小的细菌，直径约500纳米，如金黄色葡萄球菌和大肠杆菌，而大多数病毒的直径在10～300纳米之间。所以它可以通过细菌滤器。

2. 我们都知道生物体是由细胞构成的，但病毒是没有细胞结构的，可谓真正的“另类”！同时，它也缺乏完整的酶系统和能量代谢系统，专门寄生在活细胞内，只能利用宿主细胞的生物合成机构来完成它的核酸复制及蛋白质合成，然后再装配成病毒颗粒，过着“衣来伸手，饭来张口”的寄生生活。

3. 病毒的遗传物质通常只有一种，或者是DNA或者是RNA。对于一些简单的病毒来说，它只由DNA和蛋白质构成，或者只由RNA和蛋白质构成。

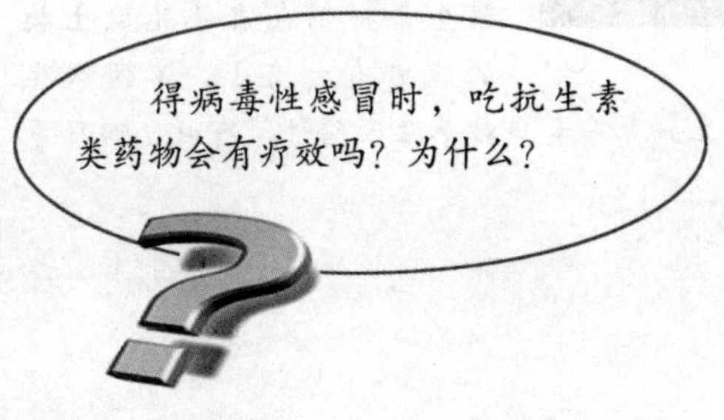

4. 病毒一旦脱离宿主细胞温暖的怀抱，便会丧失生命力，以大分子的状态存在。但它会伺机行动，条件成熟便立刻进入宿

主细胞，恢复它的生命力，延续生命、繁衍后代。

5. 对抗生素药物不敏感，但对干扰素敏感。

知识窗

干扰素

1957 年，英国病毒生物学家 Alick Isaacs 和瑞士研究人员 Jean Lindenmann 发现了干扰素。干扰素是病毒侵入细胞后产生的一种糖蛋白。干扰素（IFN）是一种广谱抗病毒剂，几乎能抵抗所有病毒引起的感染，如水痘、肝炎、狂犬病等病毒引起的感染，因此它是一种抗病毒的特效药。

知识库——抗生素

▲弗莱明

抗生素最初由英国科学家弗莱明在 20 世纪 20 年代末发现。它是微生物或者高等动植物在生活过程中所产生的代谢物质，它能够抑制其他微生物的生长甚至杀死它们。因此，我们利用抗生素的这种特性，将它应用于医学临床方面。常见的有青霉素、土霉素、四环素。但是抗生素抑制或者杀死微生物的能力有大有小，不同微生物对不同的抗生素的敏感性也不一样。如青霉素只对革兰氏阳性菌有效，四环素等则对革兰氏阳性菌和阴性菌都有效。

病毒是生物吗？

了解了病毒的这些特性后，我们禁不住要问了，病毒到底是不是生物呢？我们说病毒是生物吧，但它却没有细胞的组成，也没有生长或代谢有机物质的能力。我们要说它是非生物吧，它却又能在活细胞中复制并增殖，有遗传变异等生物应有的特性。

▲病毒只有在活细胞内才能生存和繁殖

其实，自20世纪初病毒被发现以来，科学家也一直在怀疑病毒究竟是生物还是无生命的颗粒。如今，大家习惯称它为“生命边缘的生物体”。它既是生物又是大分子，它就像生物与大分子之间的纽带一样，缩短了生命和大分子之间的距离，模糊了生命和大分子之间的界限。

相关链接——生物的基本特征

判断一个物体是生物还是非生物，这是有一定标准的。下面的这几条标准将为我们提供帮助：1. 生物体具有共同的物质基础和结构基础；2. 生物体都有新陈代谢作用；3. 生物体都有应激性；4. 生物体都有生长、发育和生殖的现象；5. 生物体都有遗传和变异的特性；6. 生物体都能适应一定的环境，也能影响环境。其中，是否具有生长发育生殖的能力，及遗传变异的特性是最基本的依据。

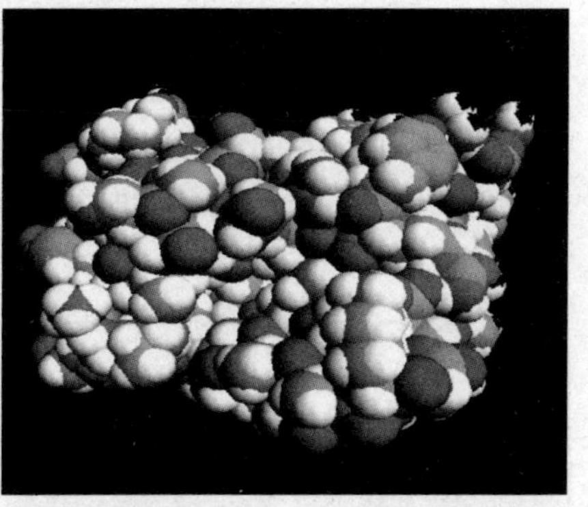

▲朊病毒就是具有侵染性的蛋白质颗粒

病毒中的特殊“人物”有哪些?

▲得疯牛病的牛

在病毒家族中总有一些特立独行的类群，它们无论从形态还是从功能上，都与普通的病毒不一样，下面就让我们一起来认识一下这些特殊“人物”。

1. 卫星病毒：它们缺少独立复制能力，需要“辅助病毒”才能复制其核酸，或者由辅助病毒提供外壳蛋白来包被核酸。如丁型肝炎病毒必须利用乙型肝炎病毒的包膜蛋白才能完成复制周期。在这里，乙型肝炎病毒则充当“辅助病毒”的角色。

2. 类病毒：类病毒大小仅为最小病毒的 1/20，由环状 RNA 分子组成，这种 RNA 分子能在敏感细胞内自我复制，但不能编码蛋白质。它的这些结构和性质与已知病毒不同，故称为“类病毒”。

3. 朊病毒：朊病毒是一种很小的具有侵染性的蛋白质颗粒。20 世纪五六十年代的震颤病和羊瘙痒病，以及近年来英国爆发的疯牛病都是由朊病毒引起的。朊病毒引起的疾病是对人类的巨大挑战。

4. 卫星 RNA：它们是一类寄生于辅助病毒壳体内，必须依赖辅助病毒才能复制的 RNA 分子片段。如绒毛烟斑驳病毒的卫星 RNA 单独不能复制，但与另外一种病毒共存时却能感染和复制。

动手做一做

去网上了解疯牛病吧

1. 去搜索网站。

2. 搜索“疯牛病”，这个时候你会发现许多关于疯牛病的网页，随便点一个开始了解吧。

3. 将你学到的东西尽量记下来吧，今后很可能会用到的。

病毒万花筒
——形形色色的病毒

经过前面的介绍，我们对病毒的特性已经有了一定的了解，相信大家都已经迫不及待地想要见识见识这些病毒精灵了吧。在病毒这个大家族里，各式各样的病毒可真是千姿百态啊。光从形态上来说，就有球状、杆状、蝌蚪状、子弹状、丝状、卵圆形和砖状等形状。下面就让我们一起探秘神奇的病毒家族，向它们打声招呼吧！

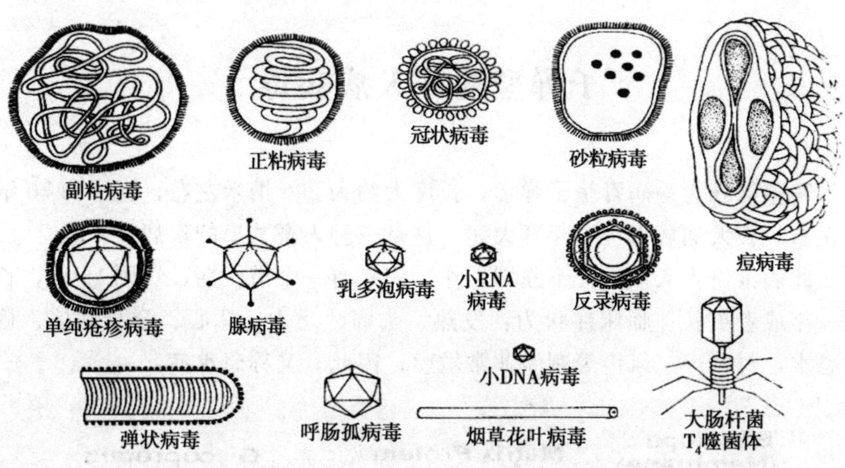

杆状的烟草花叶病毒

烟草花叶病毒呈杆状，大小约 300×18（纳米）是人类最早发现的病毒。19 世纪末期人们已经知道了有某种威胁烟草作物生存的疾病，但直到 1930 年才确定此病毒的存在。

烟草花叶病毒是一种 RNA 病毒，它专门感染植物，尤其是烟草及其

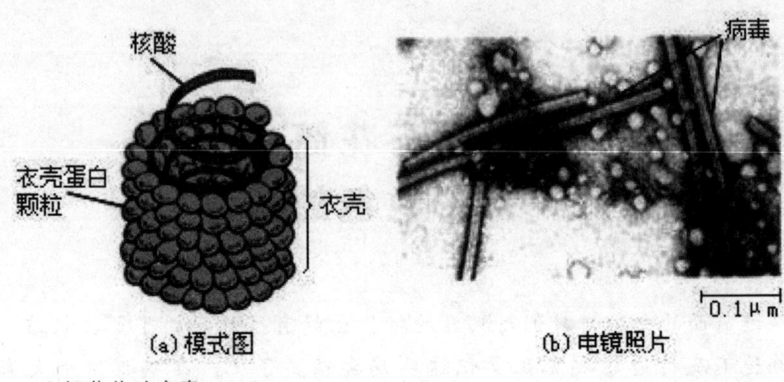

▲烟草花叶病毒

他茄科植物。植物感染后最显著的症状是叶片畸形、扭曲、厚薄不均，叶色浓淡不匀。看起来斑驳污损。

子弹型的狂犬病病毒

完整的狂犬病病毒呈子弹形，长度大约为200纳米左右，直径为70纳米左右。狂犬病病毒可引起狂犬病，这是一种人畜共患的疾病。

此病毒进入人体后并不立即发作，而是有一个潜伏期，短则10天，长则一年或者更长。临床症状为：发热、头痛、乏力、恶心、全身抽搐、极度恐水，对水声、风声等刺激非常敏感，因此，又称恐水症。

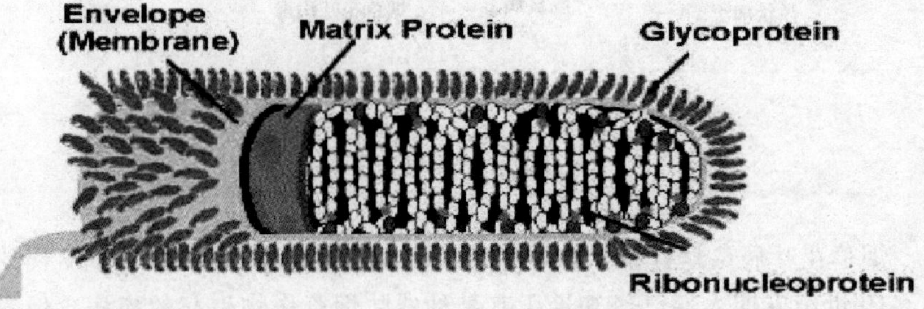

▲子弹型狂犬病病毒

小贴士——被犬咬伤后的紧急处理

专家建议，被犬咬伤后，应作如下处理：

1. 用消毒剂，如双氧水、碘基消毒液、0.1%的新洁尔灭或3%～5%的肥皂水充分清洗伤口，在没有这些消毒剂的情况下，用清水清洗伤口也是有意义的。

2. 清洗伤口后立即到附近的医院接受治疗，注射狂犬病疫苗。

处理伤口时应注意：

1. 不要用嘴吸吮伤口，因为即使口腔中的微小破损也可能会感染狂犬病毒，拉近狂犬病与脑的距离。

2. 伤口原则上不包扎、不缝合、不涂软膏，这样有利于伤口排毒。

球形的流行性感冒病毒

流行性感冒病毒是一种造成人类及动物患流行性感冒的RNA病毒。流行性感冒病毒的形态具有变化性，新分离的毒株呈丝状，在细胞内稳定传代后变为拟球形颗粒。直径在80～120纳米之间，丝状流感病毒长度可达400纳米。

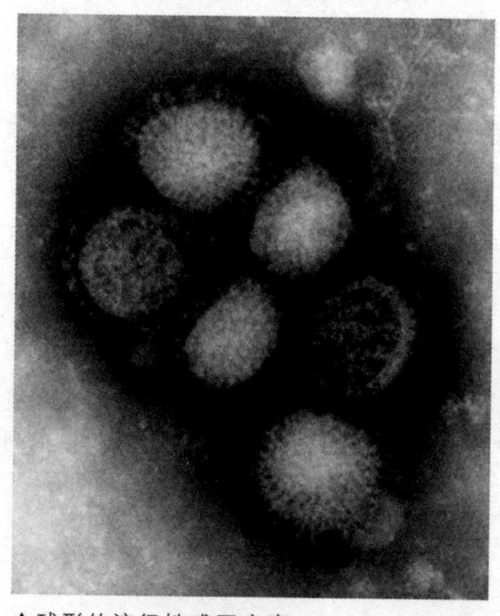

▲球形的流行性感冒病毒

它会造成急性上呼吸道感染，并借由空气迅速传播，在世界各地常会有周期性的大流行。流行性感冒病毒对免疫力较弱的老人或小孩及一些免疫失调的病人会引起较严重的症状，如肺炎或心肺衰竭等。

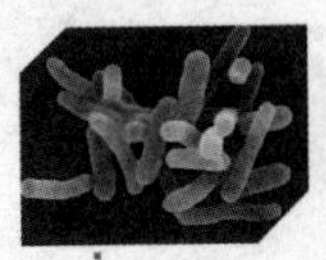

蝌蚪形的大肠杆菌 T_4 噬菌体

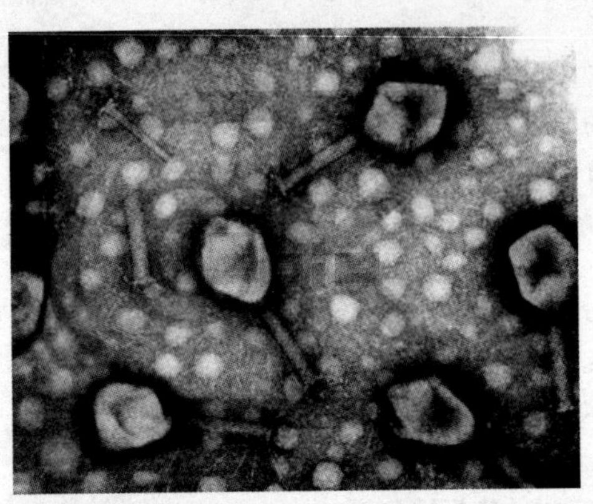

▲蝌蚪形噬菌体

大肠杆菌 T_4 噬菌体的外观极像蝌蚪。它具有六角形的头部和可收缩的长的尾部。头部大小为 9060 纳米左右，尾部长 10020 纳米。

它整个身体的外壳都是由蛋白质构成的。头部的蛋白质外壳内含有折叠的 DNA 分子；尾部的蛋白质外壳为一中空的长管，外面包有可收缩的尾鞘。

在侵染寄主时，噬菌体蝌蚪状的形状可是发挥着巨大的作用。侵染时，尾鞘收缩，头部的 DNA 即通过中空的尾部注入细胞内。

T 系噬菌体是研究最广泛和深入的细菌噬菌体，它主要寄生在大肠杆菌（一种正常栖居在人类肠道中的细菌）内。

动手做一做

1. 查阅有关病毒的书籍。
2. 找出除了文中介绍的病毒外，其他的病毒形状。
3. 将结果记录下来，如有可能，将病毒形态绘成图。
4. 全班同学一起讨论，展示查阅到的资料，促进学习。

身份大揭秘
——病毒的化学成分与结构

“非典”袭来，人人恐慌；禽流感袭来，全国哗然；甲流袭来，全国紧张；口蹄疫来凑热闹，人人躲闪不及。为什么病毒的一颦一笑、一举一动都会引起我们如此大的反应呢？它凭借什么让自己这么具有影响力，难道是它练就了金刚不坏之身，或是它拥有三头六臂，或是它拥有什么独家暗器？俗话说：知己知彼，百战不殆。为了和病毒更好地作斗争，也为了更好地利用它，我们需要了解它的本质，需要搞清楚它到底拥有哪些本事。

病毒的化学组成

经过人类的不懈探索，终于探得病毒家族中最“朴实无华”的病毒是由一种核酸（DNA 或者 RNA）和蛋白质组成的，也就是说它们由 DNA 和蛋白质构成，或者由 RNA 和蛋白质构成。但也有一些病毒比较爱美，它们会挑选脂质、糖类等作为它们的饰品。

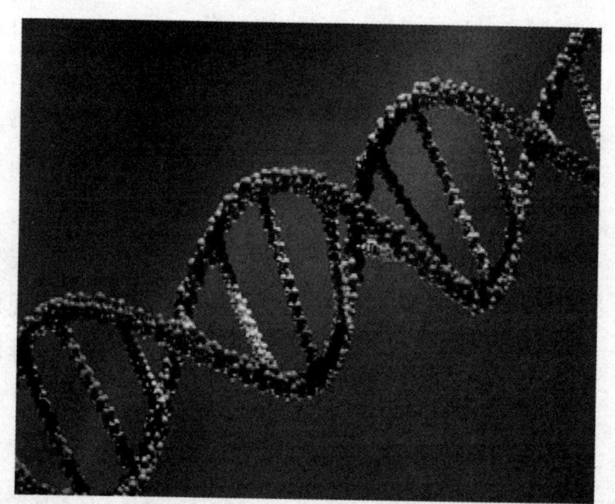

▲DNA 双螺旋结构

别看它的组分简单，但每个组分可都是身负重任的精兵强将啊！

核酸身负为病毒“传宗接代”的重任，它的化学成分为 DNA 或者

RNA，大多数毒粒只含一个 DNA 或者一个 RNA，但也有少数会包含多个核酸分子。核酸的种类也非常丰富，存在单链 DNA、双链 DNA、单链 RNA、双链 RNA 四种类型。

有的病毒仅能编码一种蛋白质，如烟草花叶病毒；大多数病毒可编码多种蛋白质，如流感病毒、T_4 噬菌体等。蛋白质在构成病毒结构、病毒增殖过程中都发挥了巨大作用。

相关链接

核酸的分布及分类

核酸最早由米歇尔于 1868 年在脓细胞中发现和分离出来。它广泛存在于所有动物、植物细胞、微生物内，常与蛋白质结合形成核蛋白。不同的核酸，其化学组成、核苷酸排列顺序等不同。根据化学组成不同，核酸可分为核糖核酸（简称 RNA）和脱氧核糖核酸（简称 DNA）。

病毒的结构

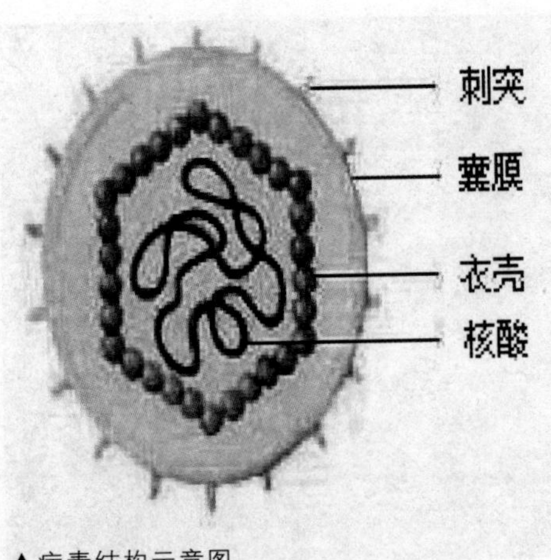

▲病毒结构示意图

如左图所示，病毒主要由核酸和衣壳两部分组成。核酸位于病毒的内部，构成病毒的核心，核酸的四周由蛋白质构成的衣壳所包围。衣壳由许多结构相同的衣壳粒组成，衣壳粒的排列方式不同，使病毒呈现出不同的形态。衣壳除了赋予病毒固有的形态外，还充当“护花使者”的角色，保护内部核酸，使其免遭外部不良环境的破坏。我们把核酸和衣壳合称为核衣壳。有些病毒很简单，仅由核衣壳构成，如烟草花叶病毒，而有些病毒的核衣壳外面，还有一层由蛋白质、多糖和脂类构成的膜，叫作囊膜。囊膜上生有刺突，如流感病毒。

▲仅由核衣壳构成的烟草花叶病毒

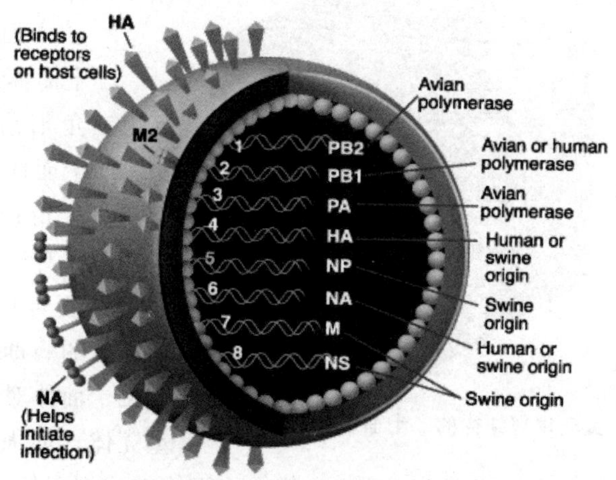

▲有囊膜和刺突的流感病毒

病毒壳体的对称性

病毒衣壳粒排列方式的不同，使病毒呈现出不同的方阵构型——形态结构。主要有螺旋对称与二十面体对称两种基本的壳体类型，此外，兼有这两种对称的称为复合对称。

1. 螺旋对称型壳体。

某些病毒，如狂犬病毒与烟草花叶病毒有螺旋对称结构。衣壳粒有规律地沿中轴呈螺旋排列，形成高度有序、稳定的螺旋结构。但在电子显微

烟草花叶病毒的结构

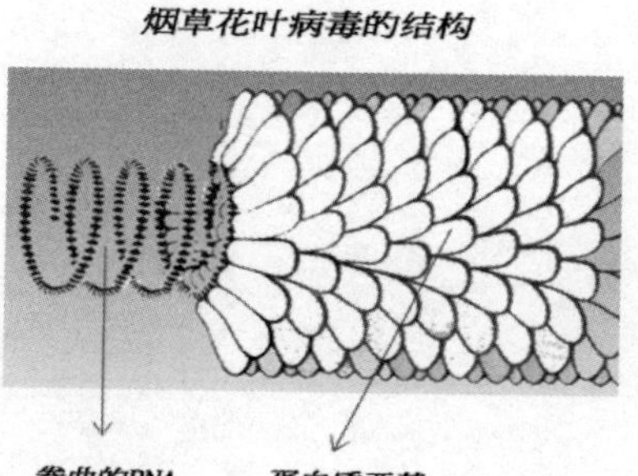

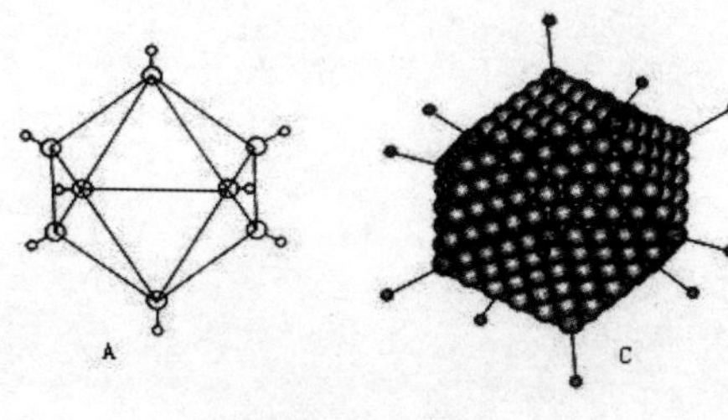

腺病毒的形态结构

A. 二十面体的形态；C. 腺病毒的形态

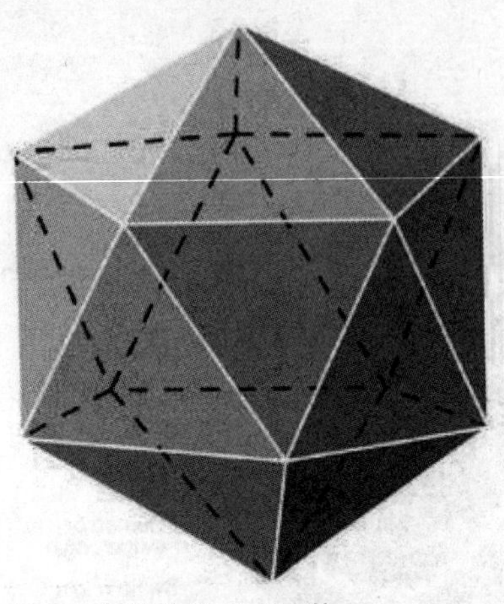
▲无尾部结构的二十面体

镜下看螺旋状是很困难的，病毒看起来像杆状的。

2. 二十面体对称型壳体。

二十面体对称是指衣壳粒按 20 个等边三角形组成的几何图形排列的结构。二十面体有 20 个侧面，12 条棱和 12 个角。麻疹、水痘、腺病毒等都具有二十面体对称结构。

3. 复合对称型壳体。

有的病毒壳体兼有螺旋对称型壳体和二十面体对称型壳体，称为复合对称型壳体，如大肠杆菌 T_4 噬菌体。大肠杆菌 T_4 噬菌体头部壳体为二十面体对称型壳体，尾部为螺旋对称型壳体，专为噬菌体吸附至宿主细胞时用。

但并不是所有病毒的结构都可划归为这三类，有些病毒既没有螺旋对称，也没有二十面体对称。如牛痘和天花病毒呈箱型，流感病毒由 8 个螺旋核衣壳包在一个包膜中构成。

分门别类——病毒的分类

病毒家族真可谓是人丁兴旺、庞杂繁复，目前已知的病毒已有5500多种，而且不断地还有新的病毒产生。面对如此庞大的病毒队伍，我们需要将它们分门别类，以便更好地了解它们，研究它们。

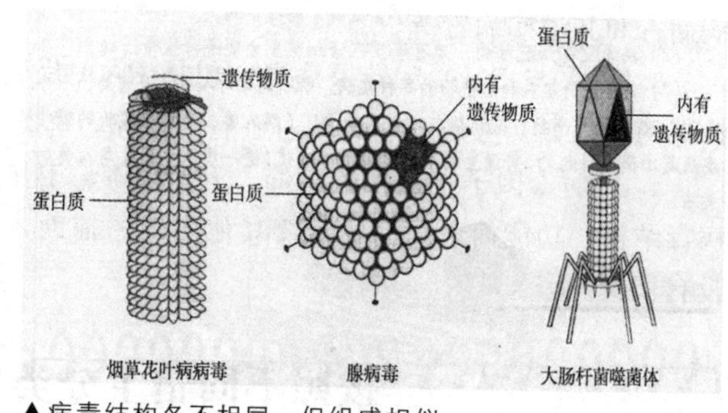

▲病毒结构各不相同，但组成相似

按照不同的分类标准，我们可以将病毒分为不同的类群。下面就介绍几种常见的分类方法。

按照基因组组成分类

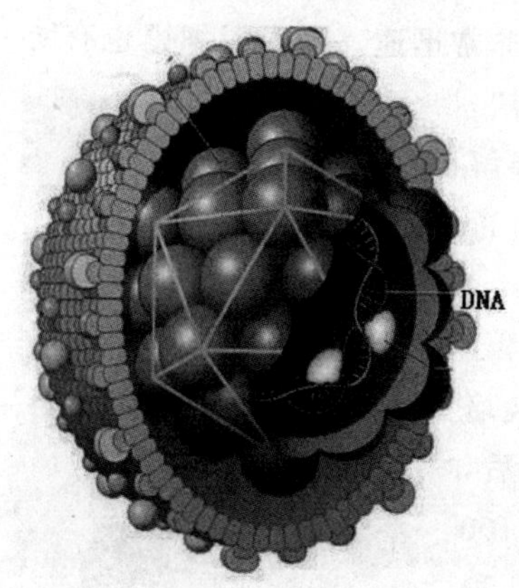

▲DNA 病毒

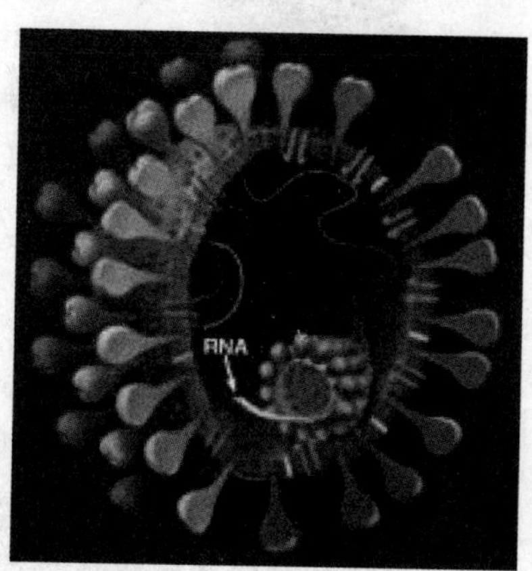

▲RNA 病毒

核酸是病毒重要的组成部分，并在病毒的遗传复制中起重要作用，不同病毒的核酸组成也不尽相同。按照病毒的基因组组成及复制方式，病毒可分为以下几类：

1. DNA 病毒，即病毒的核酸组成是 DNA，如腺病毒、乙型肝炎病毒等。

2. RNA 病毒，即病毒的核酸组成是 RNA，如流行性感冒病毒、狂犬病病毒和艾滋病病毒等。

3. DNA 与 RNA 反转录病毒，包括 RNA 反转录病毒和 DNA 反转录病毒两类。如艾滋病毒、禽类白血病病毒等，这类病毒具有反转录酶。

4. 亚病毒因子，包括类病毒、卫星病毒、卫星核酸和朊病毒等。这类病毒结构、功能简单，有的需要其他病毒的辅助才能完成复制，有的甚至没有核酸。

按照不同宿主分类

▲被病毒感染的蘑菇

我们也可以根据病毒所寄生的宿主不同，对病毒进行分类。主要有以下几类：

1. 细菌病毒：噬菌体是最常见和分布最广的细菌病毒，如在海洋中其数量可达细菌数量的十多倍，噬菌体是通过结合细菌表面的受体来感染特定的细菌，而且整个感染过程非常迅速。同时，细菌也有防御病毒感染的一套方法，如细菌可以合成能够降解外来 DNA 的酶，使病毒的 DNA 降解。

▲郁金香因病毒而美丽

2. 真菌病毒：是指以真菌为宿主的病毒。1962 年英国的霍林斯等在电子显微镜下从栽培蘑菇中发现了与病害有关的三种病毒。之后，在真菌的各大类群中都发现过病毒，约有 100 种真菌可被病毒感染，包括一种病毒侵染几种真菌或一种真菌同时感染几种病毒。带有病毒

的真菌一般无症状，但蘑菇除外。

▲感染病毒的葡萄叶

3. 植物病毒：植物病毒的种类繁多，能够影响受感染植物的生长和繁殖。早在 1576 年就有关于植物病毒的记载，举世闻名的、美丽的荷兰杂色郁金香，实际上就是郁金香碎色花病毒造成的。

植物病毒的传播常常需要借助一些媒介来完成，这些媒介物一般为昆虫。同时，植物也具备精巧而有效的防御机制来抵抗病毒感染。其中，最为有效的机制是“抵抗基因”（R 基因）。每个 R 基因能够抵抗一种特定病毒，主要是通过触发受感染细胞的附近细胞的死亡而产生肉眼可见的空点，从而阻止感染的扩散。对于人类及其他动物来说，植物病毒是无害的，因为它们只能够在活的植物细胞内进行复制。

4. 动物病毒：对家畜来说，病毒是重要的致病因子，能够导致的疾病有口蹄疫、狂犬病、禽流感等。有的甚至可以通过动物传染给人类，对人类生命造成威胁，如狂犬病、禽流感等。所有的无脊椎动物都会感染病毒，如蜜蜂就会受到多种病毒的感染。幸运的是，大多数病毒能够与宿主和平相处而不引起任何损害，也不导致任何疾病。

相关链接

反转录病毒

反转录病毒一般含有 RNA－DNA 聚合酶，即反转录酶，作为复制之用。反转录酶具有二十面体对称核心，内含核糖蛋白，外有包膜，一般研究认为反转录病毒具有活化致癌基因的潜力。

国际通用分类系统

以上介绍的两种分类方法较为简单，目前国际上有一套更为复杂、更为完善的分类系统，它综合考虑病毒各方面的性质，如形态、基因组、理化性质、蛋白质及生物学特性等来进行分类。此分类系统依次采用目、科、属、种为分类等级，不使用界、门、纲这几个阶层。在没有适当“目”的情况下，科为最高的分类等级。根据2005年出版的《病毒分类：国际病毒分类委员会第八次报告》，超过5450种病毒可以归类到3个病毒目，73个病毒科，11个病毒亚科，289个病毒属，1950个病毒种。下表中列举了几个常见病毒科及分类特征。

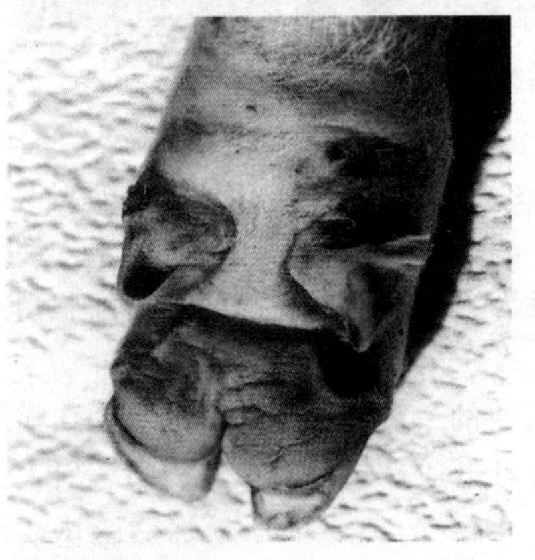

▲口蹄疫

▲感染狂犬病的狗，唾液从嘴流出

病毒科	特征病	毒列举
肌尾噬菌体科	DNA，双对称型壳体，无包膜	大肠杆菌 T_4 噬菌体
痘病毒科	DNA，“砖形”颗粒，最大病毒类型	鸡痘病毒、猪痘病毒
腺病毒科	DNA，二十面体对称壳体，无包膜	腺病毒
正黏病毒科	ssRNA，包膜上有刺突，螺旋对称壳体	流行性感冒病毒
弹状病毒科	ssRNA，病毒呈弹状，有包膜	狂犬病病毒
反转录病毒科	ssRNA，二十面体对称壳体，有包膜，具反转录酶	人类免疫缺陷病毒

近看江湖恩怨情仇
——病毒的生存环境

最近的江湖可是风起云涌，传说出现了一个叱咤江湖的无名小卒。细究下去，这个无名小卒竟然是体积微小，又不具有细胞结构的病毒。混迹江湖肯定会结交不少的朋友，但同时也会树立很多的敌人。它的朋友和敌人会是谁呢？它都会有哪些恩怨情仇，我们将在这一节里为你解读。

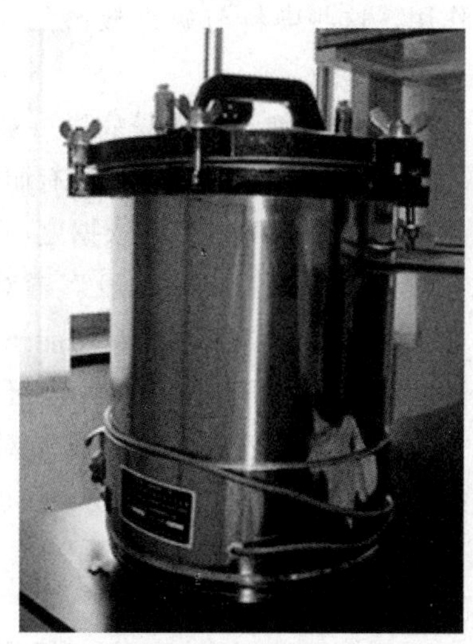
▲高压灭菌锅

病毒的“敌人”

1. 高温：大多数病毒（除肝炎病毒外）都特别害怕高温环境。病毒如果离开宿主细胞，处于56℃～600℃的环境中30分钟左右，就会因表面蛋白质变性而失活，丧失生命。因此我们常采用高温的方法来消灭病毒。

小贴士——喝开水，吃熟食

俗话说，病从口入，所以建议大家不要喝生水，也不要吃生食。因为生水里

面含有很多的细菌和寄生虫。一些生食尤其是肉类食物，表面也会感染一些细菌、病毒等，若直接食用，往往会拉肚子或者引起其他疾病。而大多数细菌和病毒在高温下会死亡，将水和食物煮开煮熟后，细菌和病毒就会被杀死。所以，为了自身的健康，大家一定要喝开水、吃熟食。

2. 射线：紫外线、X射线和高能量粒子可灭活病毒，这是因为这些射线可击毁病毒核酸的分子结构。不同病毒对射线的敏感度不同。此外，某些活性染料（如甲苯胺蓝、中型红、吖啶橙）对病毒具有不同程度的渗透作用，这些染料与病毒核酸结合后，可见光也可以将它们轻而易举地消灭掉。

3. 脂溶剂：有囊膜病毒可被脂溶剂如乙醚、氯仿和去氧胆酸钠迅速破坏。这些病毒通常不能在含有胆汁的肠道中引起感染。病毒对脂溶剂的敏感性可作为病毒分类的依据之一。

4. 化学消毒剂：一般病毒对高锰酸钾、次铝酸盐等氧化剂都很敏感，升汞、酒精、强酸及强碱均能迅速杀灭病毒，但0.5%～1%石炭酸仅对少数病毒有效。贝塔－丙内酯及环氧乙烷可杀灭各种病毒。

5. 干扰素：抗生素及磺胺对病毒无效。利福平能抑制痘病毒复制，干扰病毒DNA或RNA合成，但也干扰宿主细胞的代谢，有较强的细胞毒性作用。

病毒的“朋友”

1. 低温：病毒对低温的抵抗力较强，通常在－196℃～20℃仍不失去活性，但对反复冻融敏感。一般可用低温真空干燥法保存病毒，但在室温条件下干燥易使病毒灭活。

2. 适合的pH值：病毒一般在pH值为5.0～9.0的环境下稳定，肠病毒在较高的pH环境下易失活。

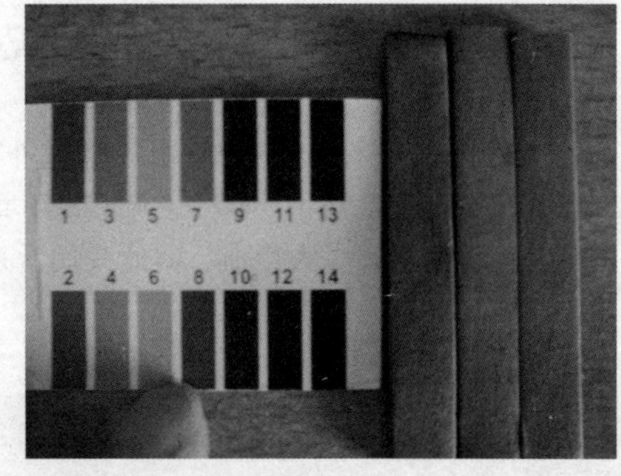

▲pH试纸能测溶液酸碱程度

3. 盐类物质：盐可提高病毒对热的抵抗力。氯化镁对脊髓灰质炎病毒、硫酸镁对正粘病毒和副粘病毒、硫酸钠对疱疹病毒具有稳定作用。有囊膜病毒即使在－90℃也不能长期保存，但加入保护剂如二甲基亚砜（DMSO）可使之稳定。

4. 甘油：大多数病毒在50％甘油盐水中能存活较久。因病毒体中含游离水，不受甘油脱水作用的影响，故可用于保存病毒感染的组织。

病毒的传播方式

病毒的传播方式多种多样，不同类型的病毒采用不同的方法。

植物病毒可以通过以植物汁液为生的昆虫，如蚜虫，在植物间进行传播。

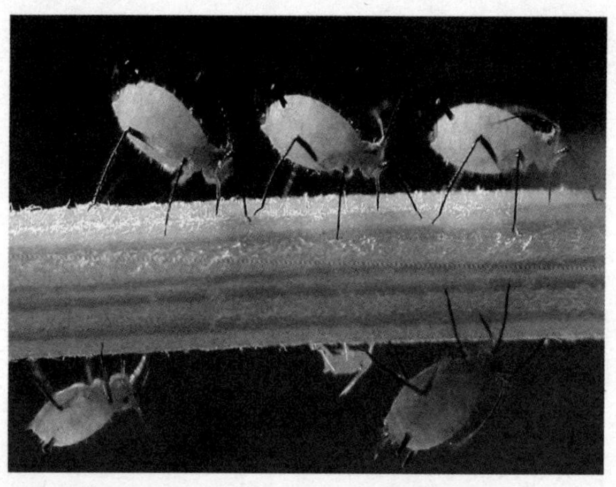

▲蚜虫利用其刺吸式口器将病毒注入植株

而动物病毒可以通过蚊虫叮咬而得以传播。这些携带病毒的生物体被称为“载体”。流感病毒可以经由咳嗽和打喷嚏来传播；诺罗病毒则可以通过手足口途径来传播，即通过接触带有病毒的手、食物和水传播；轮状病毒常常是通过接触受感染的儿童而直接传播

广角镜——打喷嚏的前因后果

生活中，当有人打喷嚏时，我们经常会说：有人想你了，或者有人在骂你。大家肯定都希望是别人在思念自己而不是在骂自己。那么，打喷嚏是不是真的有人在想你呢？其实，打喷嚏是人体将进入鼻腔的异物（如灰尘、细菌、花粉等）

驱赶出去时出现的一种无意识的反射动作，是人体的一种自我保护机制。然而，喷嚏中含有大量的细菌和病毒。最新一项研究发现，当一个人打喷嚏时，他会将10万个细菌和病毒以每小时100英里的速度喷到空中。所以，我们打喷嚏时，一定不能对着别人，也不要用手捂着嘴。因为这样有可能使感冒病毒沾在手上。可怕的是，感冒病毒能够在手上存活3个小时。这样通过手触摸栏杆、公交车、钱等物品，我们会间接地将病毒传染给更多的人。所以，建议大家在打喷嚏时，最好用纸巾捂住嘴，然后立即将纸巾扔进垃圾桶中。

纯洁无瑕
——病毒的培养与纯化

为了对病毒进行深入的研究，如何获得大批量的纯病毒则成为了首先要解决的问题。本节中我们将对这一问题进行说明。

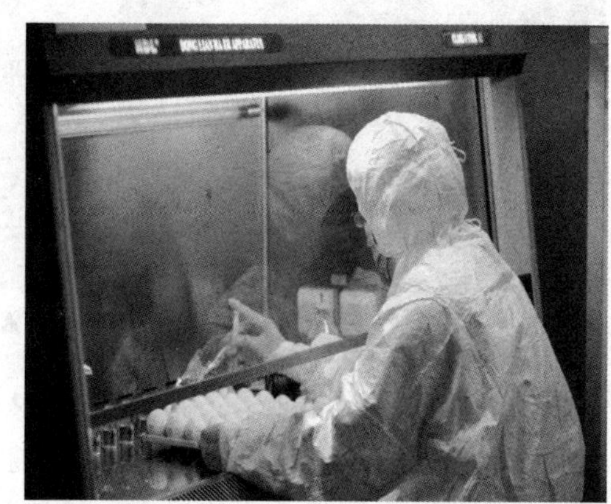

▲无菌操作台

病毒的培养

自然感染病毒的生物体的组织器官或细胞内的病毒量往往是很有限的，难以满足研究的需要，为了满足研究的需要，研究人员采用将病毒人工接种到寄主的方法来大量繁殖病毒。选择适合的寄主对病毒的培养意义重大。

对植物病毒，长期以来都是直接接种整体植物，要选择容易接种、体内病毒繁殖量大、并可收获的寄主的组织或器官来进行接种。一般采用机械摩擦接种法，这种方法比自然界中的昆虫媒介法或嫁接法更简便，易于操作。

对人和动物病毒，20 世纪 50 年代以前都是利用实验动物来培养，但往往病毒寄主范围狭窄，操作难度远胜过培养植物病毒，这成为当时动物病毒学发展的重要障碍。1949 年，安德等人证明可利用体外组织培养细胞

▲杜尔贝科

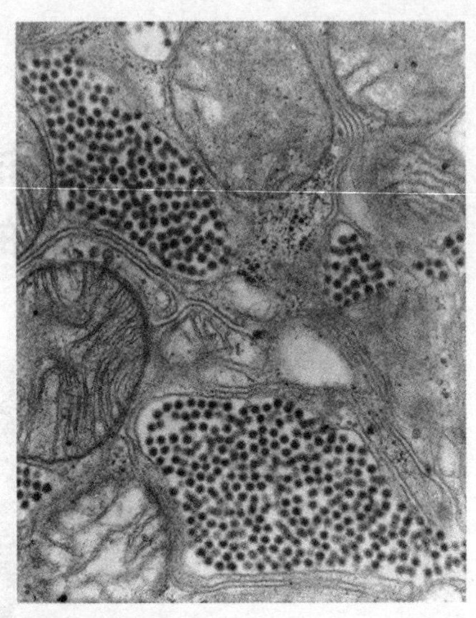

▲马脑炎病毒

获得高效价病毒。1952 年，杜尔贝科创造性地利用体外培养细胞进行噬斑测定法较精确地定量了马脑炎病毒和脊髓灰质炎病毒。之后，一系列体外培养的细胞系先后建立。这些方法的创新为病毒学的进一步发展开辟了道路。

知识库——如何利用细胞培养技术培养病毒？

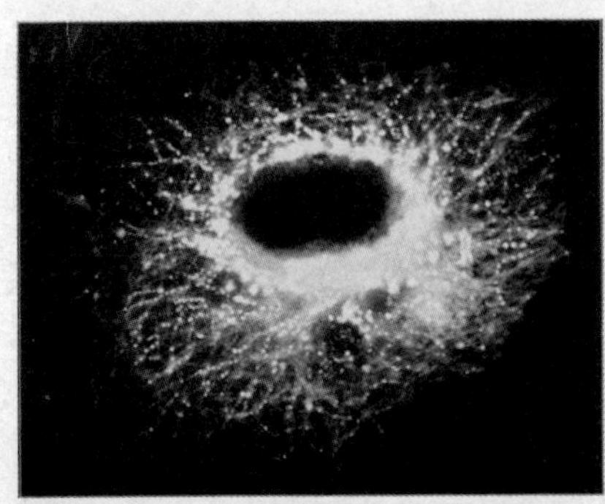

▲被病毒感染的细胞

细胞培养方法是通过将可能含有活性病毒颗粒的标本接种于原代细胞、二倍体细胞或连续细胞系内，待检测的病毒则会感染相应的寄主细胞。在寄主细胞复制过程中，病毒也在细胞内不断扩增，最后导致显微镜下可见的细胞病变效应。不同病毒感染宿主细胞后形成的病变效应不同，以此可以作为对病毒诊断的依据。

通过培养病毒对病毒进行检测的最

大优点在于：通过同一培养方法可以对多种病毒，甚至是对一无所知的病毒进行检测。但该方法应用于诊断的最大局限在于：由于被培养的病毒始终处于活性状态，因此，需要特殊的培养和安全防护措施，对操作人员的要求也非常高，且成本高、耗时多等。

将病毒培养出来后，还需要对它作进一步的提纯。提纯的方法主要有生物法和化学法两种。一般先进行生物纯化，然后再进行化学纯化。

生物纯化病毒法

TMV是Tobacco mosaic virus是烟草普通花叶病毒的简称；CMV是黄瓜花叶病毒的简称；PVX是马铃薯X病毒的简称；PVY是马铃薯Y病毒的简称。

用采集到的自然感染的生物体组织器官作原材料来提纯某种病毒时，寄主在自然界受多种病毒同时感染的概率往往很大。即使使用人工接种植物体、动物或人的细胞系来繁殖病毒，所用接种的毒源也往往不是单一病毒，所用寄主或细胞系也往往不是无毒的。用这样的材料，显然会使以后的提纯步骤复杂化，甚至无法把两个种类不同但很相似的病毒分开。

在自然界中，能侵染多种植物的 TMV、CMV、PVY 和 PVX 的不同病毒株系常常是混合感染。如香蕉花叶心腐病和番茄花叶病由 TMV 和 CMV 共感染，菊花花叶病由 TMV 和 PVY 共同感染，而且，一旦混杂则难以分开。所用寄主也往往是带有令人极易忽略的轻微病毒症状，甚至通过肉眼看不出有何症状，却是带毒者。这种混杂使之后的化学提纯事半功倍，因此在进行化学纯化病毒前，首先利用生物学方法纯化病毒，使之达到生物纯化是必要的。

▲叶片感染病毒后形成的枯斑

这些生物学方法是指病毒能在很

▲感染黄瓜花叶病毒的黄瓜叶片

多植物叶片上产生一个个孤立的枯斑；动物病毒能在单层细胞上产生病理性的蚀斑；噬菌体在铺满细菌寄主细胞的平面上产生透明的噬菌斑。枯斑、蚀斑或噬菌斑都被认为是单个毒粒或单个侵染单位感染所致。用这些枯斑作接种源进行二次或多次的分离—接种—再分离，最终能得到纯的病毒株系。

现以植物病毒为例说明。烟草花叶病往往是由 TMV 和 CMV 混合感染所致，为达到生物纯化的目的，先用机械摩擦法接种，用病叶汁液接种心叶烟下部叶片，3～5 天后接种叶上出现坏死圆斑，这些枯斑为 TMV 所致；CMV 不会在接种叶上产生症状，而是出现在接种后约 7 天的系统侵染的新生叶片上。一个是局部侵染，一个是周身性系统感染，截然分开，不会混杂。将枯斑取出加缓冲液或灭菌水研磨后再接种普通烟叶，TMV 在此寄主形成系统花叶，可做提纯原材料。如不放心，可反复枯斑法纯化最终得到纯株系。

显然，生物纯化简单、易行，经济、可靠。繁殖病毒所用寄主植物应尽量使用种子的实生苗，尽量避免用无性的克隆后代，因为通过有性生殖得到的种子在绝大多数情况下是无毒的。

化学纯化病毒法

用化学方法对病毒进行纯化包括以下几个步骤：

1. 病毒的释放与萃取。大多数病毒颗粒主要存在于寄主组织细胞内，因此提纯的第一步是设法破碎寄主感病的细胞，使病毒颗粒释放出来。常

采用的方法有反复冻融法、电动搅拌法、超声波振荡法、研磨法等。

大多数病毒在 pH=7.0 左右时，性质最稳定、溶解度最大，此时可以用 0.1mol/L 磷酸缓冲液（pH=7.0）来破碎感病细胞，萃取病毒，使病毒颗粒溶解在萃取液中。而有些二十面体结构的病毒，如 BMV，其最大溶解点在 pH=5.0 左右，在此情况下则应当用 0.1mol/L（pH=4.5）的乙酸缓冲液。

通常破碎细胞、萃取以及以后各提纯步骤都应在 4℃左右进行操作，以保证各种酶的活性。

很多种毒粒容易聚集，从而使其变性，或由于较难再悬浮，很容易在低速离心机去残渣时被抛弃。因此，萃取液中常加些非离子型去垢剂，以达到防聚和解聚的作用。

2. 病毒萃取液的分级纯化。

染病细胞破碎后，其萃取液是病毒颗粒与解体细胞的各种亚细胞器和碎片的复杂混合物。提纯病毒的技巧就在于如何巧妙地发现和利用病毒和寄主细胞的理化性质的区别，如大小、形状、密度、表面电荷等，把病毒分级纯化，并尽可能减少来自寄主细胞物质的污染。纯度从理论上讲是相对量，对纯度的要求取决于使用纯化病毒的目的。

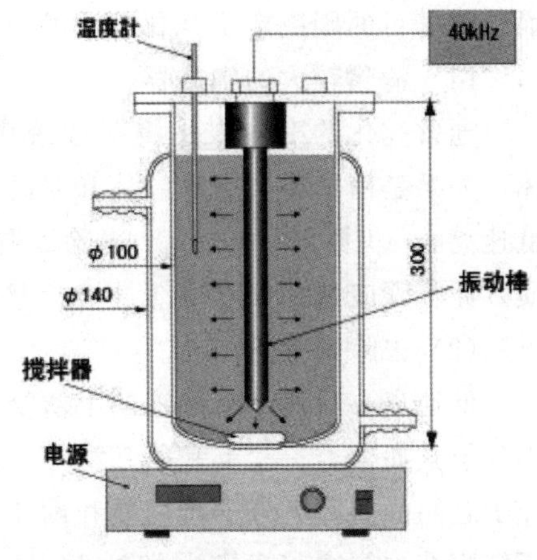

▲超声波振荡原理图

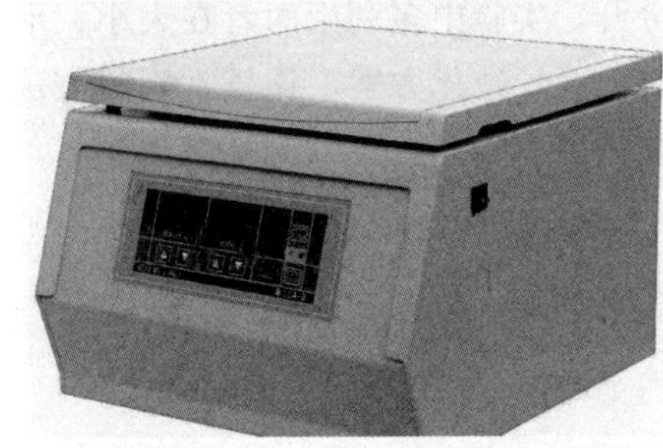
▲低速离心机

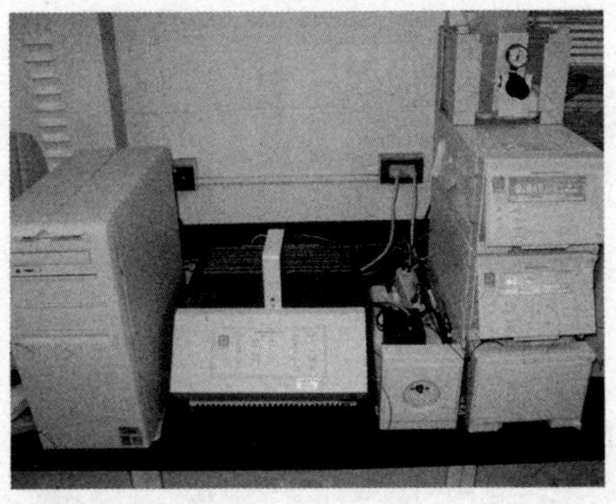
▲凝胶色谱仪

而纯化的目的则决定了纯化方法的设计。

(1) 清除较大的细胞器。

通常纯化的第一步是将萃取液中较大的细胞组分（如细胞核、线粒体，如果是植物还会有叶绿体和坚硬的细胞壁大碎片）通过5～15分钟的低速离心（1000～10000g）清除。剩下的上清液则含有小分子可溶性物质。此步骤应选择好萃取缓冲液，避免毒粒沉淀或聚集。

(2) 去除寄主蛋白质。

低速离心后病毒萃取液的上清液中除含有病毒颗粒外，还有可溶性的小分子，如糖类、盐类和氨基酸等，以及大小介于迅速沉降物与可溶性小分子之间的多种大分子蛋白质和内质网小碎片等。正是这些中间型分子和亚细胞结构往往与病毒颗粒的大小、形状和组成成分很相似，又很稳定，于是成为病毒纯化过程中最棘手的问题。为有效地将病毒颗粒与寄主组分分开，实验中多利用两者在大小、形状、密度和分子表面物化性质上的差别而设计纯化方案。比较常用的方法有沉淀法、离心法、凝胶色谱法和电泳法等。

众里寻它千百度
——病毒的鉴定

假若有人患上某种疾病，初步诊断为病毒感染，下一步需要做的工作就是判断到底属于哪种病毒感染；假如出现一种新的病毒，我们需要了解它的特性，首先要对它分门别类，知道它的近亲有哪些而这一切都依赖于病毒的鉴定……

病毒的鉴定是诊断病毒性疾病的方法，也是病毒分类的前提。下面介绍几种鉴定病毒的方法依据。

噬菌斑

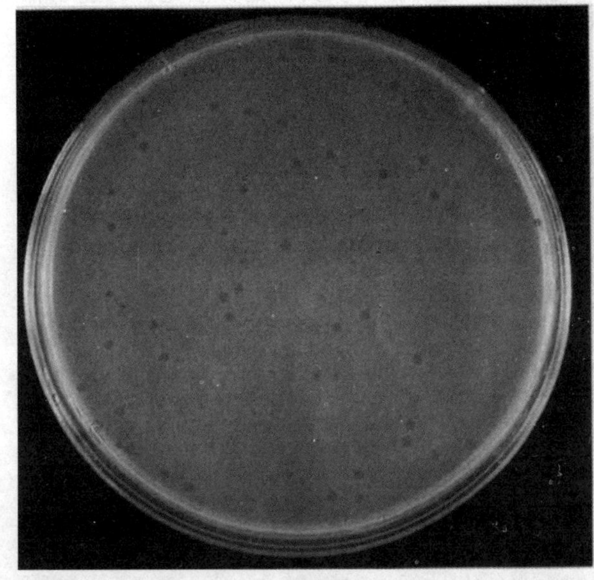

▲培养基上透明的部分即为噬菌斑

将适量的噬菌体和高度敏感细菌在软琼脂中混合，然后平铺于琼脂培养基上，凝固后保温放置。在培养过程中，噬菌体侵染细菌细胞，导致寄主细胞裂解死亡，从而在琼脂培养基上形成透明的空斑，称为噬菌斑。可以认为，每个噬菌斑就是一个噬菌体侵染的结果。由于每个噬菌体所形成的噬菌斑的大小、形

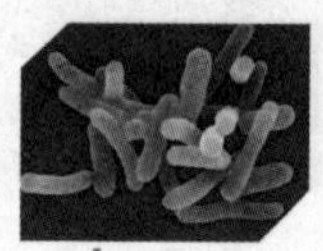

状、边缘和透明度有差异，故噬菌斑可作为病毒鉴定的指标。

蚀斑与感染病灶

▲鸭瘟病毒产生的蚀斑

▲鱼体疥疮病的感染病灶

▲桂花枯斑病

一些动物病毒在动物细胞或组织培养系统培养时，由于被病毒感染细胞的裂解，出现与噬菌斑类似的蚀斑或称空斑。利用形成的蚀斑可对病毒进行鉴定。具体的做法是：将适当稀释的病毒悬液接种敏感的单层细胞，再在单层细胞上覆盖一层固体介质，例如琼脂糖、甲基纤维素等，当病毒在最初感染的细胞内增殖后，由于固体介质的限制，只能进而感染和破坏邻近的细胞。经过几个这样的增殖周期，就会形成一个具有局限性的肉眼可见的变性细胞区，直径小到1～2毫米，大至3～4毫米，这就是蚀斑。然后利用蚀斑的特性对病毒进行鉴定。为便于肉眼观察，常用中性红等染料染色。因病变细胞不吸收中性红，病变细胞区便呈现无色蚀斑。

如果是肿瘤细胞，细胞不是被溶解，而是生长速率增加，导致受感染

细胞堆积起来形成类似于菌落的感染病灶。

坏死斑

由于病毒的侵染，一些植物的茎、叶等组织上会形成一个个褪绿或坏死的斑块，称为坏死斑或枯斑。

▲番茄环斑病

血凝现象及干扰现象

血凝现象是指带有血凝素的病毒，如流感病毒、天花病毒等，将一定种类的哺乳动物或禽类的红细胞凝集在一起的现象。由于病毒的种类不同，所凝集的血细胞种类及凝集条件会有所差别，因此，可以根据病毒的凝集现象来鉴定病毒。

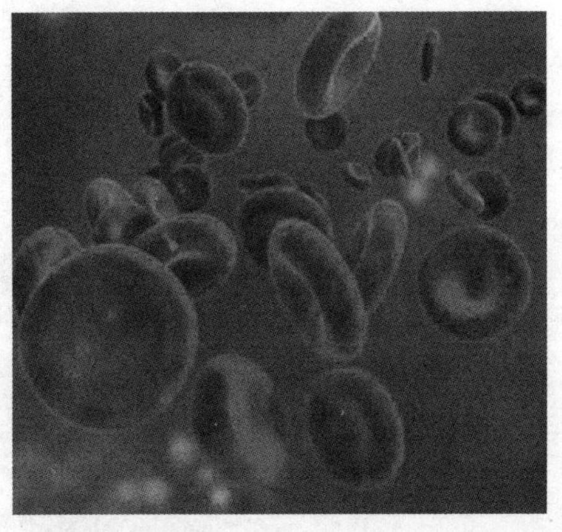

▲红细胞示意图

当两种不同的病毒同时或者先后感染同一宿主细胞时，其中一种病毒会抑制另外一种病毒的增殖，我们将这种现象称为干扰现象。如乙型脑炎病毒能干扰脊髓灰质炎病毒。例如，现在有一种物质，为了判断它所含的病毒类型，我们可在组织培养物中加入这种物质，同时加入脊髓灰质炎病毒，如果脊髓灰质炎被抑制，则可以间接判断接种物中可能存在乙型脑炎病毒。

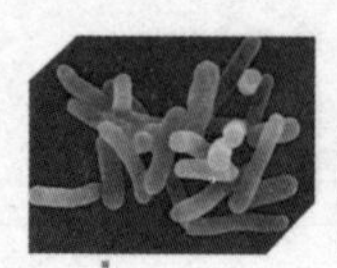

细胞病变效应

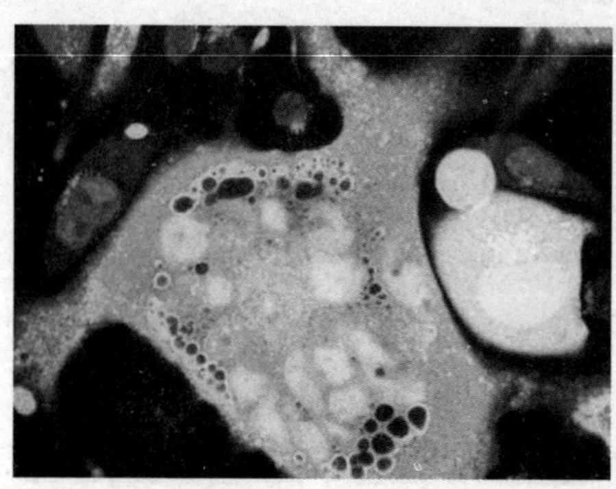
▲被细胞巨化病毒感染的内皮细胞

细胞病变效应指某些病毒在细胞内增殖及其对细胞产生损害的明显表现，例如细胞聚集成团、肿大、细胞融合形成多核现象、细胞脱落、裂解等。可根据这些病变效应对病毒进行鉴定。如仙台病毒可在 Hela 细胞内引起细胞融合现象，但不能在人的二倍体成纤维细胞中诱发融合细胞。

鉴定病毒的方法当然不止上面几种，我们还会利用电镜技术、紫外线、脂溶剂等理化因子对病毒的感染性的特性进行鉴定。此外，分子杂交、PCR 等分子生物学方法也已成为病毒鉴定的有力手段。

病毒性疾病

甲流、禽流感、SARS、乙肝、狂犬病、疯牛病、艾滋病这些由病毒引起的疾病，有的来势汹汹，有的挥之不去，有的变化多端，有的置人于死地。

在这些我们熟知的疾病背后，是哪些病毒在兴风作浪？为何这些疾病如此“顽固不化”？人类与疾病的战争到底该何去何从？

病毒是把双刃剑，人类与病毒之间的战争尚未熄灭，人类自己又借助病毒挑起了新的生化战争。是天灾还是人祸？人类是在玩火自焚吗？

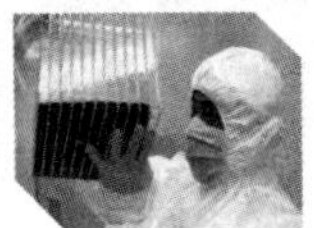

乙肝
——医学上的难题，被夸大的恐惧

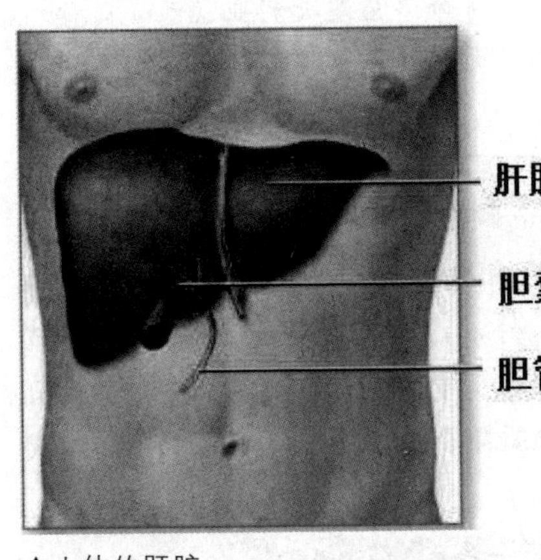

▲人体的肝脏

曾有这么一句话：肝脏好，人生是彩色的；肝脏不好，人生是黑白的。肝脏是人体中最大的腺体，也是最大的实质性脏器。它就像人体的“化工厂”，有毒物质会在这里被减毒或去毒，营养物质会在这里被分解或合成。肝脏是维持人体生命活动必不可少的器官，也是人体健康的基础。

我国是肝病大国，乙肝病毒携带率全球第一。2007年9月，卫生部长陈竺在中国科协年会上说：“中国要把乙肝大国的帽子扔到太平洋去。”可要想扔掉这顶帽子，绝非易事。人们的目光被再三地引向乙肝：很多地方预防乙肝的知识尚未得到普及，致使感染者还在不断地增加；虚假的乙肝医疗广告随处可见，致使不少患者上当受骗；学校录取和单位招聘频频将乙肝携带者拒之门外，致使“乙肝歧视案”备受关注。乙肝，这个医学难题，已逐渐衍生出更多更复杂的社会问题和法律问题。

一切从病毒开始

乙型病毒性肝炎简称乙型肝炎、乙肝，是由乙型肝炎病毒（hepatitis B virus，HBV）引起的。乙肝病毒是一种DNA病毒，属嗜肝DNA病毒科，只对肝脏“情有独钟”。除对器官具有特异性外，这种病毒对寄主也有“种族要求”，只对人和猩猩有感染性。

链接

“澳抗”这个名字从何而来?

要回答这个问题还得追溯到40多年前。1963年,学者布伦伯格(Bumberg)在一名因患血友病而多次接受输血治疗的患者血清中发现了一种特殊的抗体,该抗体只能和当地澳大利亚居民的血清起反应,因而认为这些澳大利亚人体内有一种特殊的抗原,于是命名为澳大利亚抗原,简称“澳抗”。人们后来才知道这就是乙肝病毒表面抗原,但“澳抗”这个名字却流传了下来。

一个完整的乙肝病毒颗粒,也称Dane颗粒,直径仅42纳米,大约是鸡蛋的百万分之一大小。病毒颗粒由外壳和核心两部分组成,换句话说,除了大多数病毒所具有的美丽的“衣壳”外,乙肝病毒还要再套上一件做工精致的“外套”。乙肝表面抗原(HbsAg),俗称澳抗,包括S抗原、前S_1和前S_2抗原,这大、中、小三种蛋白质镶嵌在脂质双分子层上,构成了厚7~8纳米的“外套”,即外壳。

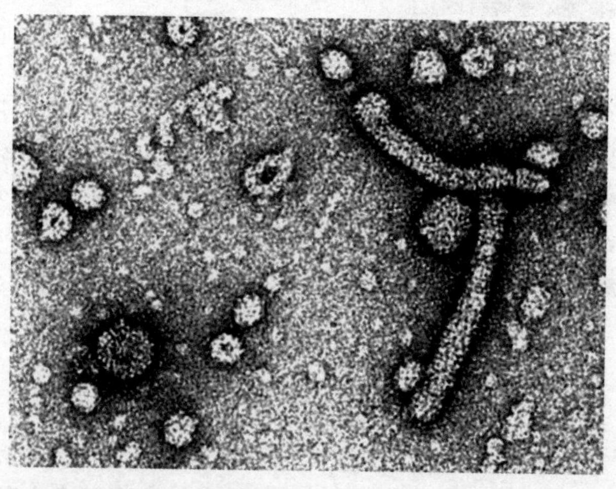

▲电镜下乙肝病毒的3种形态

脱去“外套”,就露出了病毒的核心颗粒。核心颗粒直径28纳米,呈二十面体立体对称,表面是由核心抗原(HBcAg)组成的衣壳。HBcAg经酶或去垢剂处理后还可以暴露出病毒的另一个主要抗原e抗原

(HBeAg)。

在电子显微镜下可以观察到乙肝病毒的三种不同形态：大球形颗粒、小球形颗粒和管型颗粒。大球形颗粒就是Dane颗粒。小球形颗粒，直径约22纳米，由表面抗原组成，不含DNA和DNA聚合酶，是感染乙肝病毒后血液中最多见的一种颗粒。管型颗粒，直径也约为22纳米，长50～70纳米，是由几个小球形颗粒串联而成。小球形颗粒和管型颗粒都不是完整的乙肝病毒颗粒，是病毒在感染肝细胞后合成的多余的囊膜，游离在人体的血液中。

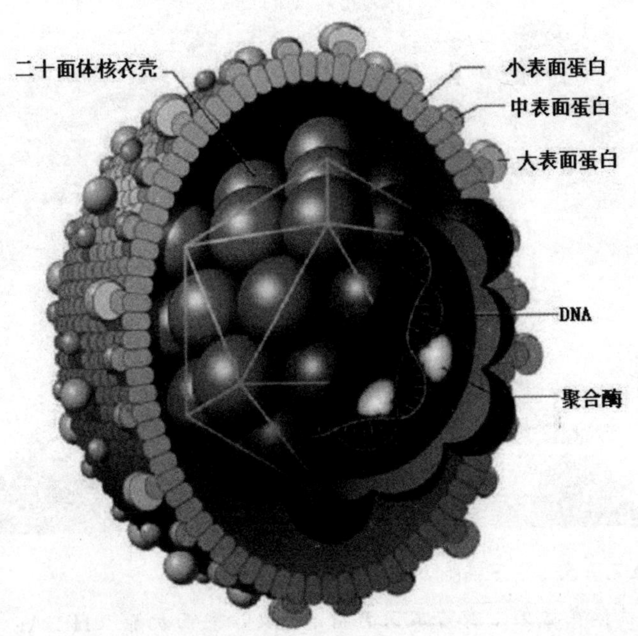

▲乙肝病毒（HBV）结构示意图

小资料——乙肝两对半　大三阳　小三阳

通过检测乙肝病毒的抗体就可以判断是否感染了乙肝病毒，所以检测澳抗是一项重要的临床诊断指标。但仅根据一种抗体还无法完全判断出乙肝病毒在体内的状态，最好是将与乙肝相关的抗原和抗体全部检测出来，包括：乙肝表面抗原（HBsAg）、e抗原（HBeAg）和核心抗原（HBcAg），以及这三种抗原诱生的相应抗体，分别是表面抗体（抗HBs或HBsAb）、e抗体（抗HBe或HBeAb）和核心抗体（抗HBc或HBcAb）。由于技术的原因，一般实验室无法检测核心抗原，所以三对抗原抗体少了一项，因此医院检验乙肝病毒的标志是查“乙肝五项”，俗称乙肝两对半。

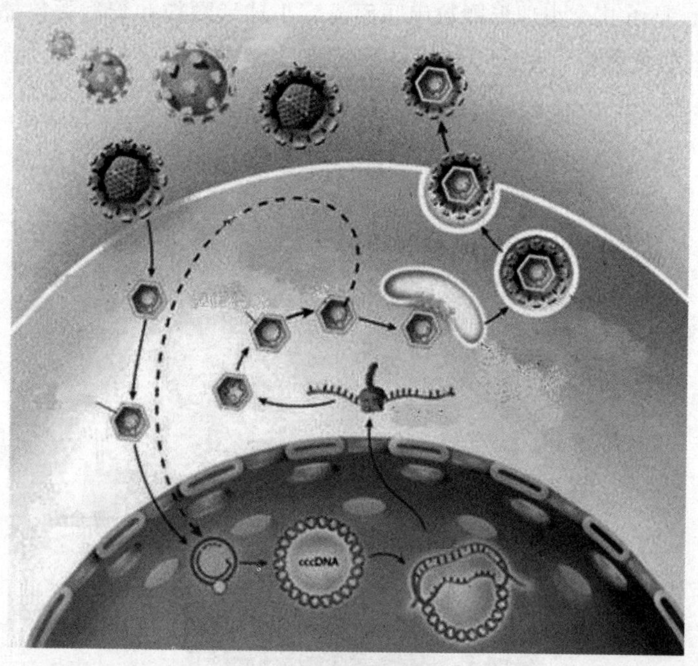

▲乙肝病毒在干细胞内的复制过程

各抗原抗体在临床上有着不同的指示意义：表面抗原（HBsAg）表示体内是否存在乙肝病毒；表面抗体（抗HBs或HBsAb）表示体内是否有保护性，可以抵抗病毒的入侵；e抗原（HBeAg）表示病毒是否复制及具有传染性；e抗体（抗HBe或HBeAb）表示病毒复制是否受到了抑制；核心抗体（抗HBc或HB-cAb）表示是否感染过乙肝病毒。通常所说的“大三阳”是指乙肝表面抗原、e抗原和核心抗体三项呈阳性；而“小三阳”是指表面抗原、e抗体、核心抗体三项呈阳性。

乙肝的治疗与预防

病毒复制快变异快，还有可能跟体细胞的 DNA 结合在一起，终生相伴。普通针对病毒的药物难保不会伤害到细胞，这些都使得治疗的难度加大，国内外至今仍无根治乙肝的方法。

如果人体的免疫系统对病毒束手无策，那么把握住致病规律，抗病毒治疗仍然有章可循。从病毒的特点入手，在禁止其进入细胞，阻断其自我复制，制止其蛋白质的合成，切断其逃逸路径，以及避免其抗药性等方面，很多科研工作都在展开。

针对乙肝，目前国际上公认比较好的、临床应用最成功和最广泛的是干扰素治疗和核苷类似物的拉米夫定疗法，但是这两种疗法都有严格的适用状况，且用药时间长，完全治愈的可能性很低，还会有一定的副作用。其中，拉米夫定可能还会导致病毒变异，从而使该疗法失败。这两种药如果停药不慎，还可能会导致病情反弹。所以，科学家们正在积极地寻求它们的姊妹药物，一些已经进入了三期临床试验。

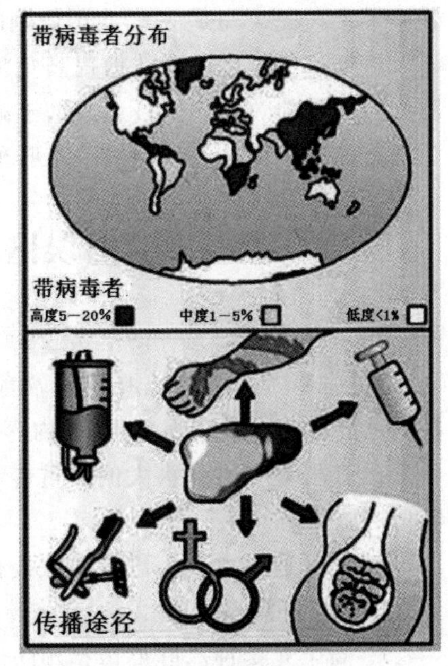

▲乙肝的分布和传播途径

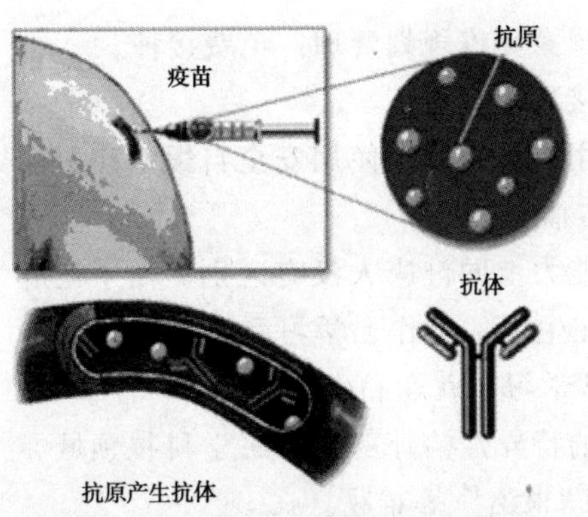

▲注射乙肝疫苗是预防乙肝的好方法，但是乙肝疫苗的保护率为90%～95%，对少数人可能无效。

除了治疗工作的开展，预防工作更应得到重视，毕竟防患于未然才是目前遏制乙肝流行最行之有效的办法。我国普遍接种的疫苗对预

防乙肝病毒感染有非常好的效果。健康人在接种疫苗后，绝大多数都会在体内产生抗体，不会再受到感染。乙肝病毒携带者生的婴儿，只要在出生的第一天注射疫苗，以后再进行巩固性接种，一般就可以避免乙肝病毒的感染了。2005 年 3 月底，我国研制的甲乙肝联合疫苗成功上市，经临床验证，该疫苗不仅可以有效地提高免疫力，具有同时注射单支甲肝疫苗、乙肝疫苗同样的效果，而且还有助于减少注射次数并降低漏种率。甲乙肝联合疫苗的应用将进一步促进甲乙肝预防工作的开展。

走出误区　消除歧视

2006 年 9 月，为贯彻落实《2006－2010 年全国乙型病毒性肝炎防治规划》，进一步做好防治乙肝宣传教育工作，卫生部组织专家编写了《预防控制乙肝宣传教育知识要点》，内容包括以下十条：

1. 乙肝是一种危害大的严重传染病，但可以通过接种乙肝疫苗和采取其他措施预防。

2. 乙肝通过血液、母婴和性接触三种途径传播。日常生活和工作接触不会传播乙肝病毒。

3. 新生儿接种乙肝疫苗是预防乙肝的关键。新生儿出生后要及时并全程接种三针乙肝疫苗。

4. 新生儿乙肝疫苗接种已经纳入国家免疫规划管理，免费接种。

5. 推广新生儿以外重点高位人群接种乙肝疫苗。

6. 避免不必要的注射、输血和使用血液制品，使用安全自毁型注射器或经过严格消毒的器具，杜绝医源性传播。

7. 乙肝病毒携带者在工作和生活能力上同健康人没有区别。由于乙肝传播途径的特殊性，乙肝病毒携带者在生活、工作、学习和社会活动中不对周围人群和环境构成威胁，可以正常学习、就业和生活。

8. 目前，乙肝病毒感染尚无理想的特异性治疗药物，医学科技领域亦尚未攻克有些媒体广告宣传的“转阴”“根治”等难题。

9. 乙肝病毒携带者应定期接受医学观察和随访。乙肝患者要规范治疗、定期检查。

10. 乙肝威胁着每一个人和每一个家庭，影响着社会的发展和稳定。

预防乙肝是全社会的责任。

由此可见，生活中的一般接触不会传染乙肝病毒，乙肝传播的途径主要有血液传播、母婴垂直传播和性传播三种。接吻不会传播乙肝，和口腔溃疡者共餐也不会被传染，普通的工作、学习与这三种传播途径毫无关系。可见，我们应该对乙肝病原携带者持宽容态度，更不应该歧视。

SARS
——一场突如其来的灾难

伪装感冒　全球恐慌

肺炎和感冒是冬季的常见病。像往常一样，2002 年底又出现了肺炎病人。对大多数人来说，偶尔的感冒、发烧没有什么好大惊小怪的，吃吃药打打针就好了，不过这次的感冒好像特别厉害，治疗起来好像也没什么效果。

忙碌的人们完全没有意识到有什么不正常，以为那只不过是有些人抵抗力弱罢了。然而，当更多的人患上这种厉害的感冒时，人们才觉得有必要预防一下了。不知道哪里传出板蓝根可以预防这种感冒的消息，于是社会上一时间出现了抢购板蓝根的风潮。

事实上这可不是什么普通的感冒，这是 SARS 病毒对人类偷袭的伪装。

科学词典

什么是 SARS?

SARS 是 Severe Acute Respiratory Syndrome 的缩写，全称是严重急性呼吸系统综合征，我国将之称为非典型性肺炎，简称非典。

事实上，SARS 这一命名并没有充分反映出该病症的本质特征，“非典”的名称也存在争议。这种病其实并不是医学上通常所说的“非典型肺炎”，而是“传染性冠状病毒肺炎”。

全民动员　抗击“非典”

突然到来的SARS让人们感到无所适从。从传播情况分析，SARS应该是一种以飞沫传播为主的疾病，同时可以通过手接触呼吸道分泌物经口、鼻、眼传播。这种疾病在密闭环境中极容易传播。就在这个冬天，人们忘记了寒冷，生活在北方地区的人们一边烧着暖气，一边开窗通风。

人类长期与疾病抗争的经验提醒我们，对付像SARS这样的传染性疾病的首要方法就是要切断传染源，防止疫情进一步蔓延。

由于SARS患者会发高烧，所以对体温进行监控是发现患者的一种手段。医院里对疑似病人采取单独隔离的措施，社区里对与疑似病人有密切接触的人群进行隔离观察，机场与车站对流动人员进行严格的检测。各个地方都对环境严格消毒，注意开窗通风。

由于对SARS不了解，很多医护人员在没有任何防护的情况下受到了感染，这种情况虽然在SARS暴发一段时间后逐渐减少，但医护人员还是面临着很大的感染危险。然而，在对抗SARS的过程中，医护人员表现出了极大的勇气，冒着生命危险战斗在抗击SARS的第一线，许多医护人员甚至献出了自己宝贵的生命。他们无愧于白衣天使的称号，将永远被人们铭记在心。

在这个紧要关头，一种历史使命感促使科学界对SARS夜以继日地研究。如果人类对SARS的认识能多一分，那么人类离战胜SARS就更近一步。经过WHO的组织协调，2003年3月17日成立了一个由全球10个国家和地区11个顶尖实验室组成的合作研究网络。中国的两个实验室（中国疾病预防控制中心病毒研究所和广东省疾病预防控制中心）于3月28日加入了该研究网络。科学界吹响了集结号，各国的科学家们一起向着共同的目标冲击！

引蛇出洞　抓获真凶

虽然SARS是一种流行性传染病，但是罪魁祸首是谁我们还不清楚。如果连敌人是谁都不知道，显然是不会取得战斗的胜利的。所以首要任务是必须弄清楚是什么引起了SARS。

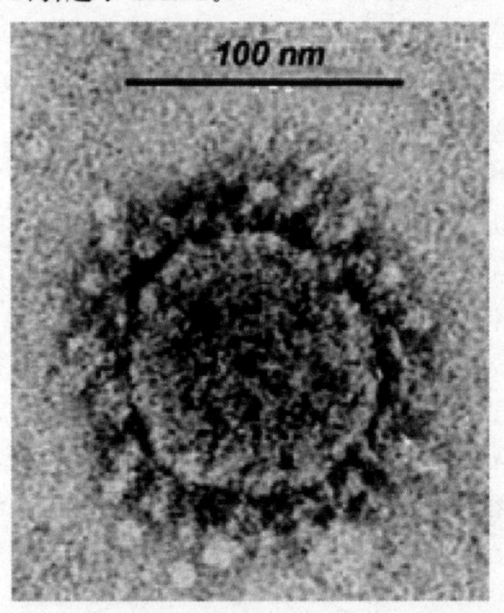

▲在电子显微镜下拍摄到的SARS病毒

可是敌人并不是那么容易就能找到的，导致疾病的病原微生物的个头是极其微小的，以至于我们用肉眼根本看不到它们，所以寻找它们要用一些特别的手段。虽然很多科学家通过电子显微镜对病人的肺部组织进行了观察，但是要找到如此小的病原体，无异于大海捞针，而比较好的作战方案就是制作诱饵引蛇出洞。

像对待一切敌人一样，我们要根据敌人的喜好来准备相应的诱饵，只有这样敌人才会上钩。从临床医生的意见来看，各种抑制细菌的抗生素都对SARS没有作用，引起SARS的可能是一种新型的病毒。细胞是病毒进攻的对象，所以要诱捕病毒，就要用到细胞。

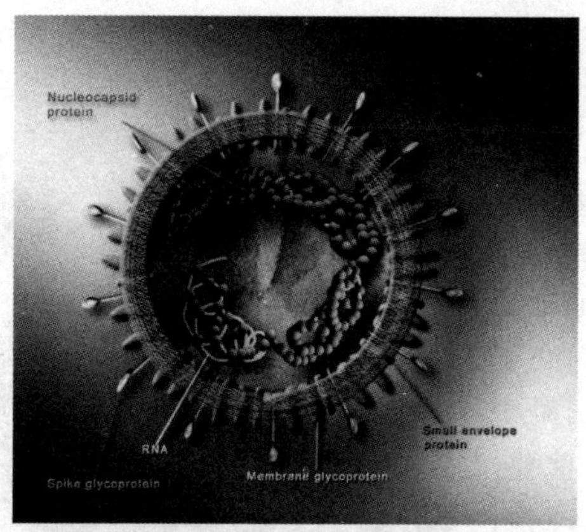

▲SARS 病毒电脑模式图

科学家将来自病人的样本加到细胞中，如果细胞能正常生长就说明病毒不会侵染这种细胞，反之细胞会受到病毒的破坏而发生病变，根据这些病变就可以判定是不是有病毒侵犯了细胞。经过对几十种细胞的观察研究，2003 年 3 月 21 日，香港中文大学的科学家最终发现了一种来源于猴肾的细胞被病毒感染了。诱捕敌人成功！科学家们仔细研究了这种病毒，下面我们可以好好地看看它的真面目了。

侦查员通常用望远镜来观察敌人的动向，不过病毒可不是个用望远镜就能看得见的家伙。我们知道病毒的个头非常小，观察它要用专门的工具——电子显微镜。电子显微镜有非常强的放大能力，如果把你的指甲看作一个正规足球场的话，电子显微镜可以看到这片足球场上的一棵小草。科学家把感染猴肾细胞的病毒放到电子显微镜下一看，发现它是一种从来没有见到过的病毒，不过它有冠状病毒家族的一般特征。

科学家用各种尖端设备进一步解析了病毒的结构，发现这个极具杀伤力的凶手其个体却非常短小精悍，其结构更是令我们惊叹不已。它全身只由两部分组成，外围是由一层膜构成的衣壳，这层膜上镶嵌了很多蛋白，部分蛋白的外侧凸起成颗粒状，就是它们构成了病毒的王冠。这个王冠可不是用来炫耀的，而是病毒用来侵犯细胞的武器。

病毒的肚子里可没有多少东西，只有一团线状的物质——核酸。获得核酸的全序列，就像破译了敌军的加密电报，会为我们战胜 SARS 病毒提供巨大的帮助。2003 年 4 月初加拿大和美国的两家实验室先后公布了冠状病毒的全部核酸序列，通过这些序列信息，研究人员完全确认了这是一种新型冠状病毒。

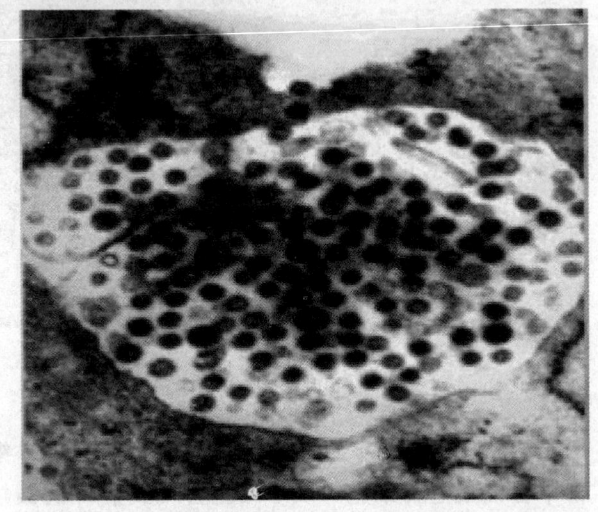
▲特殊仪器拍摄的 SARS 病毒

虽然已经抓获嫌疑犯，但还不能马上判罪，我们必须有铁的证据才行。对于病毒我们必须公正，此时的公正对于审判方可能更为重要。因为如果发生了误判，就会贻误战机。判定一种病毒的“罪行”必须严格满足一个法则，才可以说某种病毒引起了某种疾病。这个法则就是我们前面提到的德国著名科学家科赫于 1904 年提出来的科赫法则。

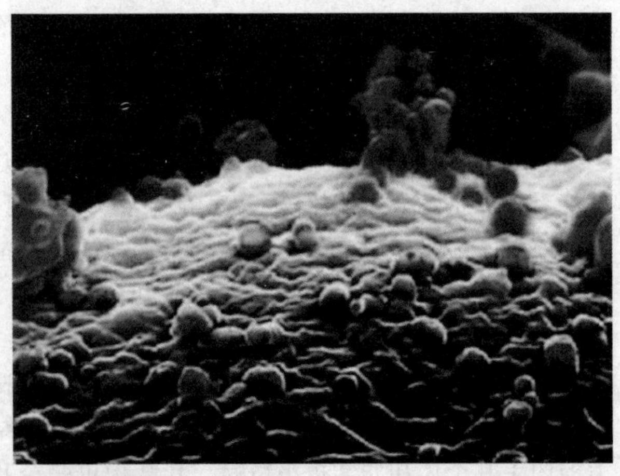
▲非典病毒侵袭人体细胞

4 月 16 日，荷兰科学家奥斯特豪斯教授将这种病毒分离出来后，把它注射到猕猴的身上，结果，猕猴也表现出发烧等 SARS 症状。WHO 负责传染病的执行干事戴维·海曼宣布，经过全球科研人员的通力合作，正式确认是一种变异冠状病毒引起了 SARS。至此，经过一系列不懈的努力，全世界的科学家应用现代的科技手段，团结合作，在与 SARS 的第一次交锋中取得了胜利。

小资料——SARS 病毒来自果子狸

▲非典元凶——果子狸

▲蝙蝠曾被疑为 SARS 病毒源头

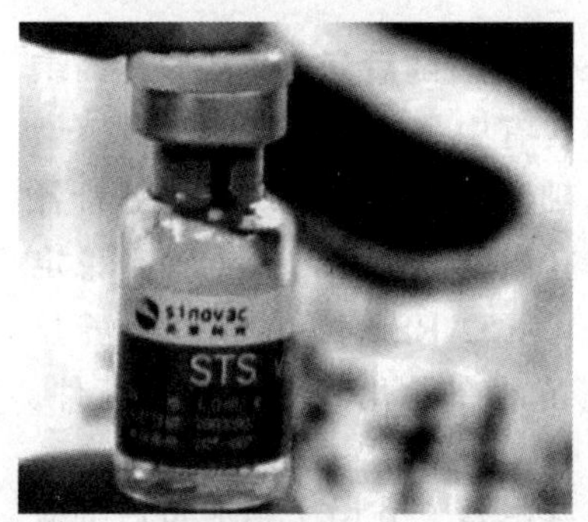

▲SARS 病毒灭活疫苗

SARS 病毒从何而来？这是科学家关心的一个重要问题。在人群流行病学调查基础上，科学家认为，SARS 病毒很可能来源于动物，因为已经发现在多种动物身上有冠状病毒存在。经过进一步分析，SARS 病毒很可能是来源于与人类密切接触的动物。在大量的普查检测之后，终于在果子狸身上发现了一种病毒，它与感染人的 SARS 病毒竟达到了 99.8%的相似度。

果子狸这种物种已被列入国家林业局 2000 年 8 月 1 日发布的《国家保护的有益的或者有重要经济、科学研究价值的陆生野生动物名录》。如同疯牛病、禽流感等传染病一样，人类通过大规模屠杀动物起到防止传染疾病的方法在一定程度上遭到了保护动物人士的质疑。

万众期待 SARS 疫苗

SARS 的传播不仅对人类健康造成了极大的威胁，并给社会生活带来了一定程度的恐慌，使社会稳定和经济发展均受到了巨大的影响。此次 SARS 暴发事件，其直接影响主要涉及旅游、餐饮、娱乐、交通运输等第

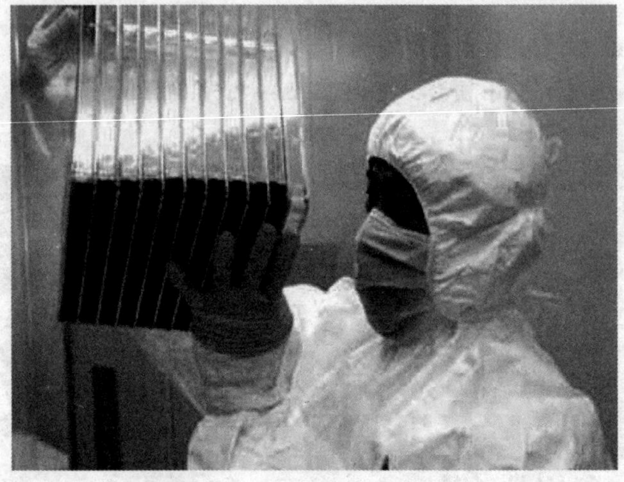
▲科研人员在观察SARS病毒灭活疫苗细胞生长情况

三产业。另外，由于SARS传播的不确定性以及对群众心理造成的恐慌，其影响程度大大高于事件本身。人类与传染病斗争的经验告诉我们，通过接种疫苗切断传播是最终战胜疾病的唯一有效途径，因此，全世界都在盼望SARS疫苗早日问世。

我国科学家于2003年3月分离出SARS病毒，随后完成了病毒基因组全序列测定。研究显示，患者恢复期血清中含有中和抗体，证明自然感染后能获得免疫，为人工免疫提供了免疫学基础。世界卫生组织综合分析各地的研究资料后宣布，SARS病毒的变异没有想象的严重，其毒种是稳定的，为研究特异性预防用疫苗提供了可能。对SARS病毒的初步培养显示，其在Vero细胞中能够大量繁殖，使疫苗的产业化具备了前提条件。有了以上工作基础，各国科学家开始SARS疫苗的研究。

可以研究开发的疫苗有灭活疫苗、减毒活疫苗、基因工程亚单位疫苗和载体疫苗。科学家们一致认为，在当时情况下最大可能率先研制成功的是SARS灭活疫苗，因其技术路线比较成熟，研发周期也比较短。有鉴于此，国家非典防治指挥部科技攻关组正式将“SARS灭活疫苗的研制”列入国家高技术研究发展计划（863计划）“非典型肺炎防治关键技术及产品研制”重大专项，在资金、政策等方面给予支持。北京科兴生物制品有限公司联合中国CDC病毒病预防控制所、中国医科院实验动物研究所共同承担了“SARS灭活疫苗的研制”课题，并建成了BL－3级实验室。该课题已于2004年1月19日获得国家食品药品监督管理局颁发的临床研究批件，并于2004年12月5日，经科技部、卫生部、国家食品药品监督管理局共同组织的SARS疫苗Ⅰ期临床研究结果揭盲会宣布了Ⅰ期临床研究结果，表明 SARS 病毒灭活疫苗对人体是安全的，并具有良好的免疫原性。I 期临床试验的完成，标志着 SARS 疫苗研究的难关已经基本攻克。这是我国 SARS 科技攻关取得的一项标志性重大成果，也是世界上第一个完成 I 期临床试验的 SARS 疫苗。SARS 灭活疫苗 I 期临床试验完成，并经科学评估后，将确定进一步研究的方案，对其有效性、安全性，以及使用剂量等进行深入研究。原则上，疫苗只有全部完成了 I 期、II 期、III 期临床试验后才能商业化应用，但在发生 SARS 疫情的情况下，经有关部门批准，I 期疫苗可用于对高危人群进行免疫保护。

流感——再度来袭是何时

2009年，自4月25日央视《新闻联播》首次报道了“猪流感”疫情后，国内猪肉价格应声下跌，个别地区跌幅甚至超过了20%。虽然流感专家们再三申明：吃猪肉不会染上“猪流感”，只要将猪肉加热至71℃，就可以杀死该病毒。但是，由“猪流感”所导致的恐慌并没有因此而消除，人们依旧“谈猪色变”，直到4月30日中国卫生部将“猪流感”更名为“甲型 H_1N_1 流感”后，人们对于猪的误会才逐渐消除，各地的猪肉价格也才得以回升。

甲型 H_1N_1 流感和猪到底有没有关系？流感和普通感冒的区别又是什么？

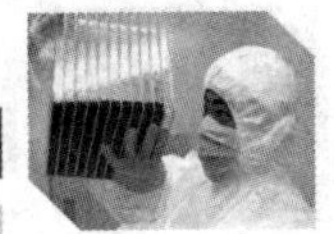

流感 VS 普通感冒

普通感冒俗称伤风，是由鼻病毒、冠状病毒和副流感病毒等引起的。这些病毒存在于病人的呼吸道中，可通过飞沫传染给别人，普通感冒的传染性较流行性感冒要弱得多。人在受凉、淋雨和过度疲劳等情况下，抵抗力下降，容易患感冒。普通感冒只是个别病例，不会像流行性感冒流行时那样病人成批出现。

▲流鼻涕是感冒的常见症状

普通感冒会出现流鼻涕、打喷嚏等轻微症状，不发热或仅有低热，一般 3～5 天即可痊愈。

流行性感冒简称流感，是由流感病毒引起的急性呼吸道传染病，传染性强，传播速度快，常引起流感的流行，冬春季节高发。

小资料——流感病毒

流感病毒属正黏组液病毒科，直径 80～120 纳米，球形或丝状，为 RNA 病毒，容易发生变异。该病毒分甲（A）、乙（B）、丙（C）三型。

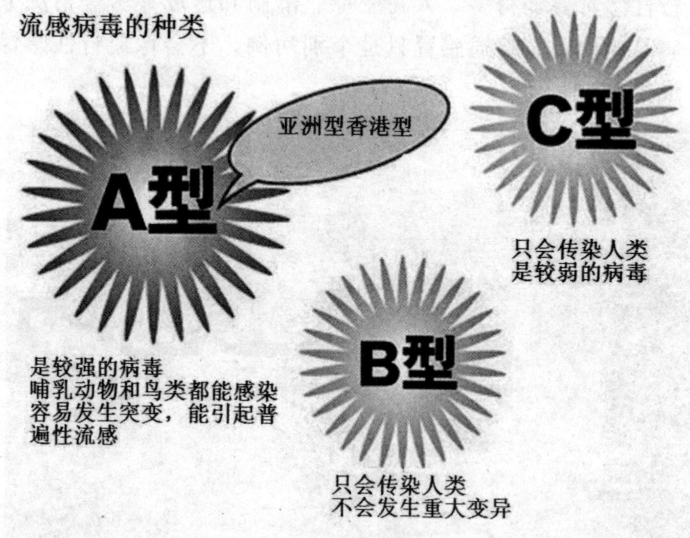

▲流感病毒种类

甲（A）型：最常见，攻击力最强也最容易发生变异，可感染人和多种动物，是人类流感的主要病原，常引起大流行和中小流行。例如 1997 年在香港肆虐的禽流感，致使政府不得不屠宰 150 万只鸡。

甲型流感病毒可依据其表面的两种抗原类型再细分为不同的亚型。

乙（B）型：变异较少，可感染人类引起暴发或小流行，病症较甲（A）型轻，无再分亚型。

丙（C）型：较稳定，可感染人类，目前发现猪也可被感染，主要以散发病例出现，无再分亚型。

流感病人的常见症状：畏寒、高热，体温可迅速升至 39℃～40℃，全身无力，腰背及四肢酸痛，打喷嚏、鼻塞和流鼻涕等。流感的潜伏期通常为 1～3 天，潜伏期无症状但具有传染性。

很多人以为流感是小病而不予理会，其实每年死于流感的人不计其

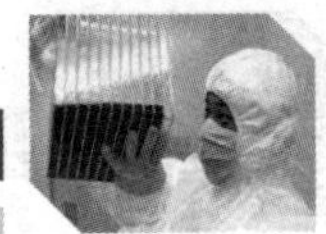

数。流感病毒若侵入人体的器官，可引起严重的并发症，如肺炎、支气管炎、充血性心力衰竭、肠胃炎、晕厥、出现幻觉等，后果十分严重。

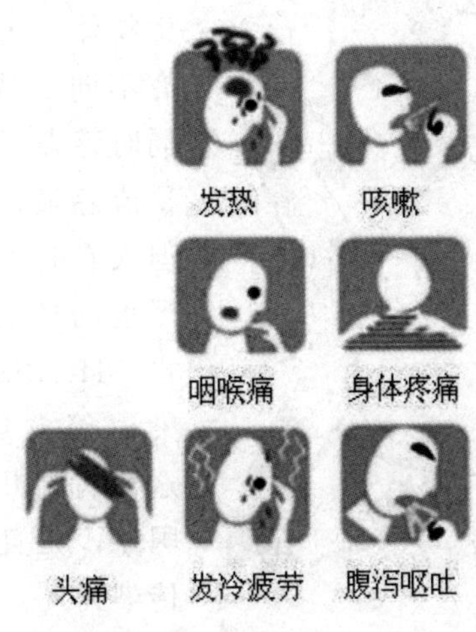

▲流感常见症状

正名：从猪流感到甲型 H_1N_1 流感

甲型流感病毒根据表面密布的两种蛋白质——血细胞凝集素（H）和神经氨酸酶（N）的不同又分为不同的亚型。迄今，科研人员已经发现，H有16种，N有9种。二者组合不同，病毒的毒性和传播速度也不相同。

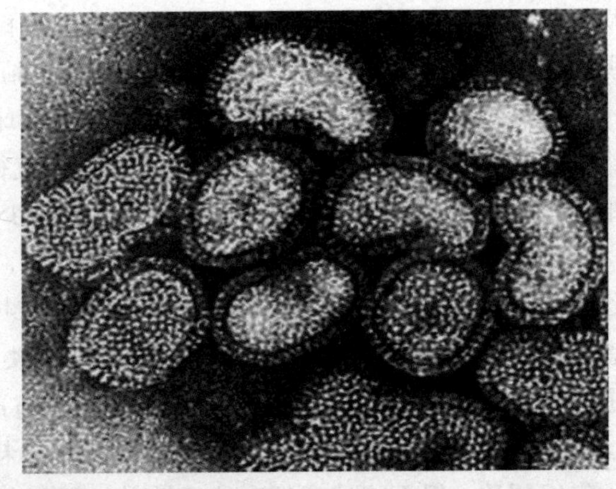

▲甲型 H_1N_1 流感病毒

种类多样的甲型流感病毒可以从野生动物传给家畜家禽等，在鸡、鸭、猪等身上广泛传播。通常，人们把多在猪群中发病的流感称做猪流感，多在禽类中发病的称做禽流感，而人类常患的季节

▲猪流感更名为甲型 H_1N_1 流感

性流感称做人流感。

不同的流感病毒在不同的生物体内发作造成的后果也各有不同，另外有的亚型病毒可同时感染不同的生物体。比如，猪流感最常见的是 H_1N_1 亚型，但人有时也会感染 H_1N_1 亚型，严重的还会出现肺炎，甚至死亡。H_5N_1 亚型流感病毒主要传染鸡等禽类，被称做禽流感。这种病毒几年前肆虐全球多个国家，并且由染病的鸡等禽类传染到人。

2009 年在墨西哥和美国等国家肆虐的流感病毒是甲型 H_1N_1 流感病毒，没有证据证明人是从猪身上感染这一病毒的，各国报告的病例均为人际间感染。另外病毒分析也表明，这种病毒实际上集合了禽流感病毒、人流感病毒、猪流感病毒的基因片段。因此，目前世界卫生组织等权威机构认为，这是一种新型的变异了的 H_1N_1 亚型流感病毒，不应笼统地称做猪流感病毒。

2009 年的甲型 H_1N_1 流感最终演变成了全球流感大流行。据世界卫生组织 2010 年 8 月的最新数据，在这次甲流大流行中，全球有 214 个国家和地区报告了甲型 H_1N_1 流感确诊病例，出现至少 18449 个死亡病例。

世界卫生组织已于 2010 年 8 月 10 日宣布，甲型 H_1N_1 流感大流行已经结束，甲型 H_1N_1 病毒的传播基本上接近尾声。世界目前已不再处于流感大流行 6 级，即警戒级别的最高级状态，人类正步入后流感大流行阶段。进入后流感大流行阶段并不意味着甲型流感病毒已彻底消失。经验表明，这种病毒今后表现将与季节性流感病毒类似，未来几年内会继续存在。世卫组织预计，甲型流感病例和地区性暴发仍可能继续出现。至少在今后一段时间内，甲型 H_1N_1 病毒可能会继续对较年轻人群造成比较严重的影响。世卫组织还强烈建议各国卫生当局继续给高风险群体接种甲型流感疫苗。

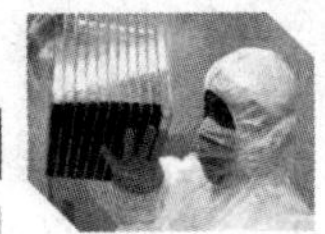

流感大流行

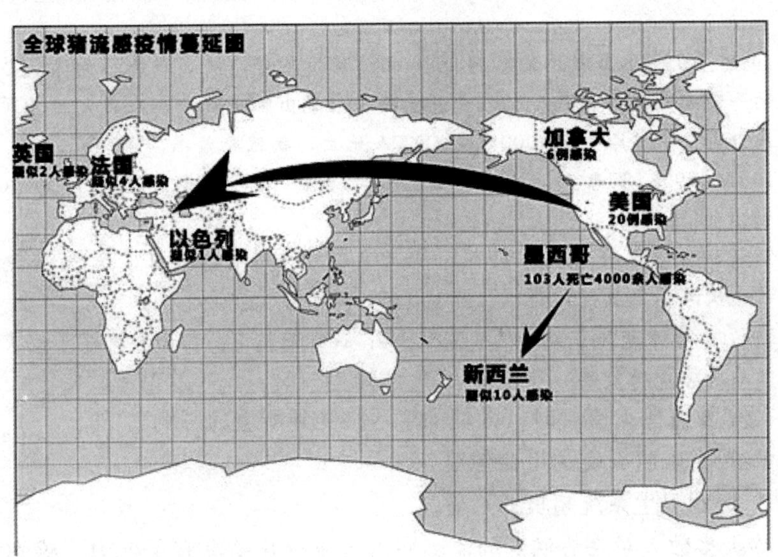

▲流感疫情蔓延图

流感大流行是指全球范围的流感暴发。引发大流行的流感病毒既可以是全新的，也可以是已知的流感病毒再现。倘若人体没有抵抗这种病毒的免疫力，而科学家尚未研制出有效的疫苗，那么流感病毒就会在人群中快速传播，在短时间内波及整个国家乃至全球，导致感染者身患疾病，重则致死。人们很难预测下一次流感大流行会在何时发生，又会造成何等严重的后果，但是一旦发生，世界上的每一个人都会有感染流感的危险。虽然国家可以通过关闭边境和限制旅行等措施延缓病毒的传入，但是仍然无法完全阻止。20 世纪发生的流感大流行，至多在 9 个月内就遍及全球，而当时的主要交通工具还只是船只。如今，全球化的脚步同样也加快了病毒传播的速度，可能用不了 3 个月疾病就可以传遍全球了。

友情提醒——20 世纪发生的流感大流行

1918～1919 年西班牙流感 H_1N_1：始于美国东部，被认为是人类现代史上最严重的一次疾病流行，约 5 亿人受到感染并表现出临床症状，人数大约占到全世界总人口的 1/3，其中有 4000～5000 万人死亡，病死率最高。

1957～1958 年亚洲流感 H_2N_2：始于我国贵州西部，全球有约 200 万人死亡。

1968～1969 年香港流感 H_3N_2：始于我国广东和香港地区，是 20 世纪危害最小的一次流感大流行，全球约有 100 万人死亡。

1977 年新流感病毒俄罗斯流感 H_1N_1：在我国丹东、鞍山和天津等地重新出现，随后迅速传遍全球，影响较小。

当暴发流感大流行时，人们的生活将受到严重的影响。

1. 严重威胁人类的生命健康。

2. 医疗卫生系统超负荷运转。

绝大多数人对来势汹汹的流感病毒大流行几乎没有免疫力。感染流感的人数会迅速飙升，相当一部分人需要医疗服务。过去发生过的流感大流行，通常会出现 2～3 次的发病高峰。对于突然涌入的大量患者，医院的医生、药品、设备、病床等都会出现短缺，医疗卫生系统会面临巨大的压力。

3. 医疗物资短缺。

当新的病毒性流感暴发时，针对新毒种的疫苗从研发到检验合格尚需要一定的时间，抗病毒药物的供应也可能出现紧张。有时决策者还必须作出困难的决定：哪些人可以优先获得疫苗和抗病毒药物。

4. 社会和经济陷于瘫痪状态。

旅行限制、学校停课、工厂停工、重要活动取消，这些对社会和市民的生活都会造成严重的影响。

为了应对流感大流行，世界卫生组织于 1952 年建立了全球流感监测网络，由来自 99 个国家的 128 个国家流感中心以及流感参比和研究合作中心组成。各国的国家流感中心是全球流感监测网络的组成者，在世卫组织的统一协调和管理下收集本国的流感毒种和监测信息，并及时递交给世卫组织。我国于1957年成立国家流感中心，并于1981年加入世卫组织的全球流感监测网络。国家流感中心自成立以来，积极与全球共享流感毒种和监测信息，并为世卫组织提供了大量的流感毒种，其中不少被世卫组织选用为流感疫苗毒种。

动动手——浏览《甲型 H_1N_1 流感防护手册》

哪些人容易被传染？

甲型 H_1N_1 流感、禽流感和普通流感的对比？

甲型 H_1N_1 流感的防范措施？

如何治疗甲型 H_1N_1 流感？

上网搜索《甲型 H_1N_1 流感防护手册》并浏览，你会找到答案！

禽流感
——如此善变似曾相识

继1997年和2003年在香港与荷兰现身后，禽流感于2005年2月再次袭来，禽流感病毒以惊人的速度在全球蔓延，东南亚、欧洲相继发现病例。世界卫生组织负责公共医疗的专家曾发出警告，禽流感病毒一旦变异为能在人际间传播的病毒，全球将有500万至1.5亿人被夺去生命。面对日益严峻的形势，各国纷纷推出防范新举措，加强信息的交流，力争切断疫情的传染源。人类和动物健康专家、经济学家、工商业代表、政府代表聚首磋商，联合出台了抗击禽流感全球行动计划。

H_5N_1型高致病性禽流感病毒自2003年以来肆虐亚洲，已经造成大量死亡。

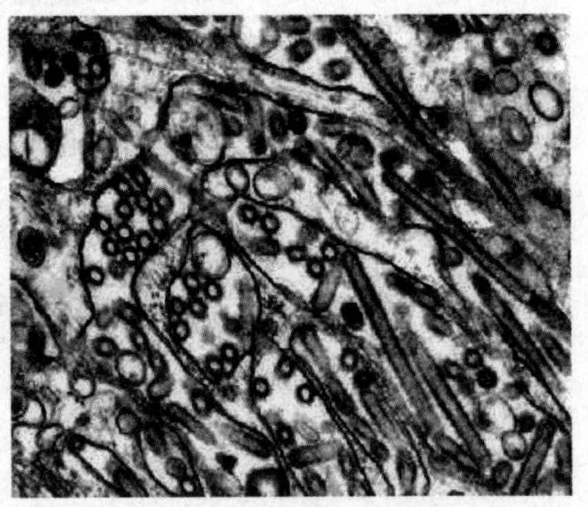
▲电子显微镜下的禽流感病毒

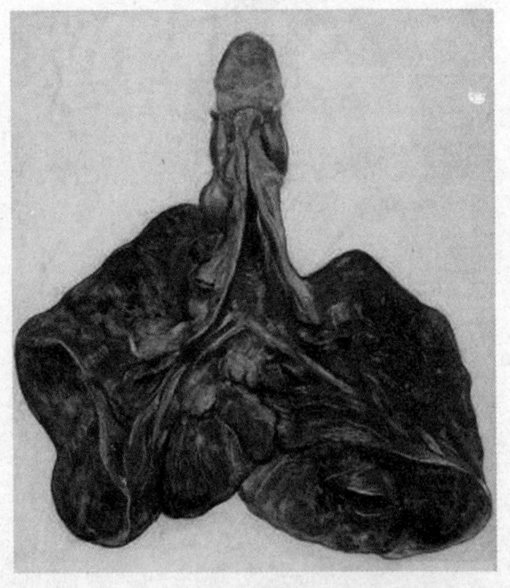
▲保存在美国陆军医学博物馆内的“西班牙流感”死亡者的肺部标本

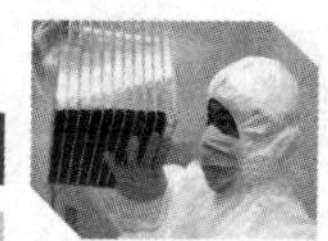

百年前的禽流感

1918 年，突如其来的传染病夺走了 5000 万人的生命。面对瘟疫，人们无从自救，然而对病因真相的探索却从未停止。直到 2005 年，美国病理学家利用最新的基因技术得以将百年前的病毒复原，令人震惊的是当年的病毒很可能就是至今仍在肆虐的禽流感病毒。

百年前的瘟疫所酿成的人间惨剧是身处医学发达的当代的我们所无法想象的。那么，就让我们通过一段记录当年疫情的文字，来试着感受一下百年前病毒笼罩下的恐怖阴霾的气氛。

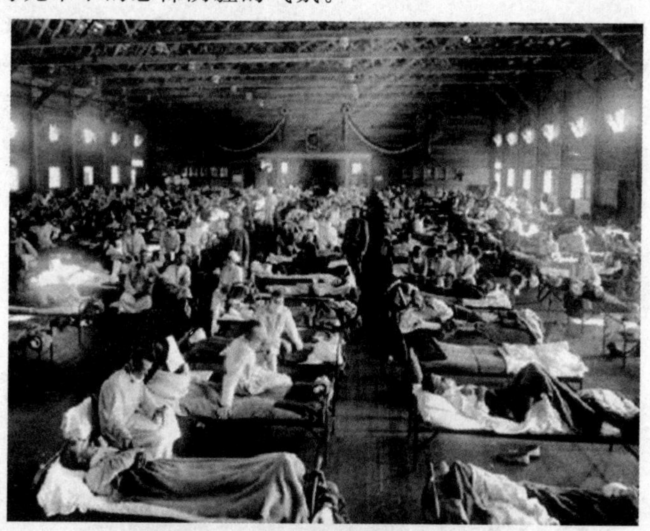

▲西班牙流感暴发时病人挤满了临时医院

小资料——1918 年的“西班牙女郎”

1918 年 3 月 11 日，美国堪萨斯州的芬斯顿军营中，有一名士兵感到不舒服，医生把他当成感冒病人，进行了隔离治疗。午餐开始后，医生又收治了病症相似的 100 多人。一周内，感冒患者迅速超过了 500 人。尽管如此，迅速蔓延的病情却没能引起足够的重视。一个军医还开玩笑说，这不过是上帝的礼

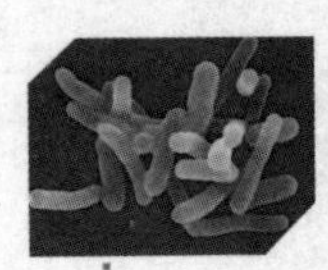

物，人人都有份，没人会送命。然而，他又怎会料想到来的竟然是死神的召唤呢？

当时一战还未结束，从3月份开始，这些感染者随着军队开赴欧洲前线，病毒沿着海岸线开始四处散布。它先在西班牙发难，并赢得了一个极浪漫的名字——西班牙女郎。然而，这才仅仅是开始，被这轮流感风暴抓住的人应当感到“幸运”，之前“温和的攻击”给他们留下了对随后致命病毒的免疫力。

在波士顿近郊服役的一位美国军医在给朋友的信中写道：“……这是一种以前从没见过的肺炎，极为顽固。患者先是两颊出现红斑，几小时后从耳根到整个脸部变成青紫，几乎分不清患者是白人还是有色人种，几个小时后就会窒息而死。看见几个人死去，或许你还能忍受，但眼看着恶魔般的疫病像苍蝇一样蜂拥而至，你会禁不住毛骨悚然。平均每天要死100多人，情况还在恶化。我看这无疑是一种新的病菌，但又不知道到底是什么病菌……许多护士医生因此丧命，令人心痛。安叶小镇的情况惨不忍睹。每天派专列来运走尸体。没有足够的棺材，尸体就堆在一起。我负责的病房后面就是停尸房，小伙子们的尸体一长排地堆在那里，情况要比在法国战场上所看到的还要惨。一个大营房被腾空，当作临时停尸房……”

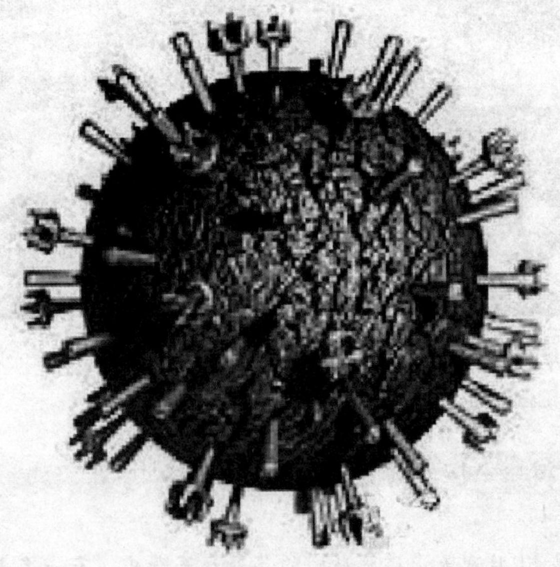

▲2005年科学家复活的西班牙流感病毒模型

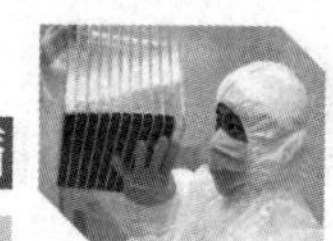

禽流感病毒

禽流感是由甲型流感病毒的一种亚型引起的呼吸道传染病，国际兽疫局定为甲类传染病。禽流感病毒通常只感染禽类，但也会跨越物种障碍感染人。依病原体的类型划分，禽流感可分为非致病性、低致病性和高致病性三大类。非致病性禽流感不会引起明显的病症，仅会使病禽体内产生抗体。低致病性禽流感会使禽类出现轻度呼吸道症状，食量减少，产蛋量下降，可出现零星死亡。高致病性禽流感最为严重，具有较高的发病率和死亡率，人感染后的死亡率约为 60%，禽类感染后的死亡率几乎到达 100%。

HA和NA这两种蛋白质容易发生变异，HA有H_1～H_{16}十六个型别，而NA有N_1～N_9九个型别，H_5N_1型高致病性禽流感病毒的H和N即由此命名。

▲禽流感病毒示意图

禽流感病毒的结构其实并不复杂：一个空心的脂肪球，里面装了 8 段 RNA 链，外面有许多重要的蛋白质像钉子一样“钉”在上面。这些“钉

子”可以分为两类，一类叫作合成血凝素（HA），负责帮助病毒进入细胞；一类叫作神经氨酸酶（NA），负责帮助病毒逃离细胞，它决定了病毒的传播效率。当病毒遇到宿主细胞后，“HA钉”便会立即卯上细胞，使病毒趁机溜进细胞核内进行复制，待合成新的病毒蛋白质后，再由“NA”钉切断与细胞的联系，于是就产生更多可以感染其他细胞的病毒了。

那么，禽流感病毒是如何使人发病的呢？它的感染途经有三条：

一是经飞沫在空气中传播。病禽咳嗽或鸣叫时会喷出带有病毒的飞沫，病毒在空气中漂浮，人吸入呼吸道后便会感染禽流感。

二是经消化道感染。人进食病禽的肉或其制品、禽蛋，病禽污染的水、食物，使用病禽污染的餐具、饮具，或用被污染的手拿东西吃，都会受到传染而发病。

三是经损伤的皮肤或眼结膜而感染病毒导致发病。

▲禽流感病毒特别怕热，40℃时连续加热20分钟，或者加热到70℃，只要2分钟病毒就会被杀死。

禽流感病毒迄今为止只能通过禽传染给人，不能通过人传染给人。

▲紫外线是禽流感的另一个克星

善变病毒　如何应对

虽然人类为了预防禽流感而研制了各种疫苗，但计划赶不上变化，病毒的基因会因外界环境刺激（药物刺激、射线刺激等）而不断发生变异。当禽流感“乔装打扮”，以一个新病毒的身份出现时，人类的免疫系统绝不会对它有预先的免疫力。换言之，禽流感病毒并不可怕，真正可怕的，是变异后的病毒。就目前的防疫技术和手段而言，禽流感病毒是无法彻底消灭的。

艾滋病
——病毒中的死神

艾滋病是获得性免疫缺陷综合征（acquired immunodeficiency syndrome，AIDS）的简称，由人体免疫缺陷病毒（human immunodeficiency virus，HIV）引起。

获得性免疫缺陷综合征可以从三部分来理解：

“获得性”：意味着艾滋病是后天获得的；

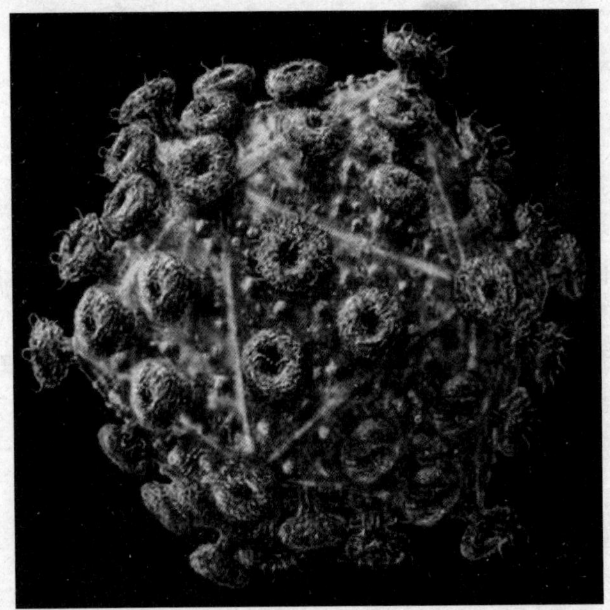

▲艾滋病病毒模型

“免疫缺陷”：免疫反应是人体抵抗外来病原体的一道非常重要的防线，主要由免疫系统内的白细胞来完成。当外来病原体入侵人体后，免疫

系统就会通过细胞免疫和体液免疫产生免疫反应，而艾滋病病毒能够入侵白细胞，从而使白细胞丧失免疫反应能力，机体便不能对其他病原体的入侵产生有效的免疫反应，这被称为免疫缺陷；

“综合征”：顾名思义，综合征就是几种疾病的综合。艾滋病往往是几种疾病共同危害机体的综合表现。

艾滋病的发现

艾滋病病例最早是在美国被发现的，但艾滋病究竟源于何处、起于何时已无从考证，只是据说世界上第一例艾滋病人于1959年死于英国的曼彻斯特皇家医院，病人是个水手，因当时死因不详，故从他身上取下了组织试样，封存在石蜡块里。直至发现艾滋病毒后，该医院的病毒学家用DNA扩增技术（PCR）分析了该水手的组织样本，从中发现了艾滋病毒。这是至今被确诊患艾滋病而死亡的最早病例。

1980年年底，加州大学洛杉矶分校的免疫学教授戈特里布要他的学生去寻找供教学用的病例，他的学生在医院里找到了一位免疫功能极低的病人。该病人31岁，男性，其食道上端长满了鹅口疮，喉头布满了白色病变，呼吸困难，病人的白细胞极少，T淋巴细胞几乎没有。不久，病人患上了肺炎，常规的治疗毫无效果，经会诊和进一步检查，发现病人患有罕见的卡氏肺囊虫肺炎，后来虽用新诺明治疗，但终究不治而亡。戈特里布后来又遇到几例类似的病例，于是他把这一发现报告给了位于亚特兰大的疾病控制中心（CDC）总部。

科学词典

什么是卡氏肺囊虫？

卡氏肺囊虫是一种常见的寄生虫，广泛存在于人和某些哺乳动物的肺组织内。其隐性或潜在性感染相当多见，健康人感染后一般不发病，因此其导致的肺炎是十分罕见的，几乎只发生在器官移植后使用免疫抑制剂或放疗、晚期癌症以及患先天性免疫缺陷病的患者中。

知识库——CDC

CDC是疾病预防控制中心（Centre for Disease Control and Prevention）的英文缩写，美国亚特兰大的CDC是全世界最好的流行病控制和研究机构之一。它拥有装备精良的实验室，有世界第一流的公共卫生和流行病学家以及强有力的经费支持。它的职责就是监控美国乃至世界人群中流行性疾病的趋势，发出警告，找到病因，控制疾病传播，扑灭疫情。CDC每周都会发布一份公告——《发病率和死亡率调查周报》，报告一周以来全美121个大城市中疾病发生、流行以及死亡情况。而我国于2001年也在北京筹建并成立了中国的CDC。

1981年6月5日，美国疾病控制中心在《发病率和死亡率调查周报》（MMWR）中，报道了加利福尼亚和洛杉矶三个医院发现的5个病例，当时已有2例死亡。5例病人均为年轻的同性恋者，经活体检查均患有卡氏肺囊虫炎，同时还伴有巨细胞病毒和念珠菌黏膜感染。5例患者互不相识，也无接触史，其性伴侣也无同样的疾病，但所有病例均有吸毒史。报告还说：

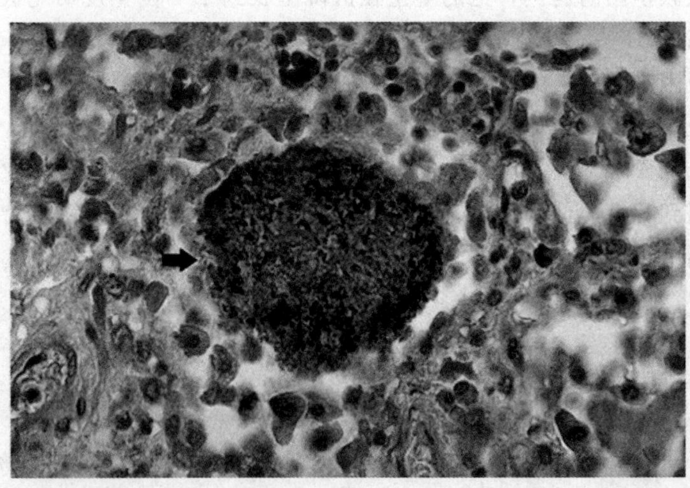

▲卡式肺囊虫

“在美国，本来只有抵抗力受到严重抑制的病人才会患上肺囊虫肺炎。报道的5例病人患病前都是健康的，而且没有任何免疫功能低下的症状，因而患上这种疾病是很不寻常的。这5例病人都是同性恋患者，这使人联想到这种疾病或许与同性恋者的生活方式有关，或者其传染是通过性接触……”

这是世界上第一次关于艾滋病的正式报道，并且指出了这种疾病和肺囊虫肺炎有一定的关系，而且可能通过性接触而传染。

▲吕克·蒙塔尼

自从艾滋病被发现后，不论是医生还是科学家都想找到这种疾病的病原体。种种迹象表明，这种病原体不是细菌，凭借当时已有的细菌分离培养条件，如果是细菌的话，在通过数以千计的血液、淋巴结、体液、机体组织的详细观察和检验后应当是可以通过分离得到的，所以，判断病原体很可能是一种新的病毒。

是谁第一个发现了 HIV

发现艾滋病病毒的主角是两个人、两个机构和两个国家。一位是法国巴黎巴斯德研究所的吕克·蒙塔尼，另一位是和蒙塔尼争吵了几十年的美国国家癌症研究中心的罗伯特·盖洛。1982年，蒙塔尼在一位临床医生巴尔·西诺西的建议下，开始了对 AIDS 的研究。西诺西其实为蒙塔尼的研究提供了非常大的帮助，可以说是指明了研究方向。西诺西不仅具有宝贵的病人样本，她还直觉地认为导致 AIDS 的原因就是一种叫反转录病毒的

▲巴尔・西诺西

▲罗伯特・盖洛

物质。这非常具有前瞻性，因为针对病毒的不同类型就可以采取不同的研究路线，可大大节省研究的时间。1983 年，他们的团队首先发现了可引起 AIDS 的病毒，并将其命名为 LAV（lymphadenopathy-associated virus），发表在《Science》上。因此，两人被授予了 2008 年的诺贝尔生理学或医学奖。

比他们晚了一年，盖洛在《Science》上发表了 4 篇文章，以论证 AIDS 的病原体是 HTLVIII（human T-lymphotropic virus type III）。LAV 和 HTLVIII 都属于 HIV 家族。LAV 病毒是从巴黎医院的病人身上分离的样本；HTLVIII 是从美国癌症研究中心建立的癌细胞库中提取的。对于 AIDS 这种复杂的疾病来说，发现不同类型的病毒感染都可以致病，可以增加人们对其致病机理的认识，并针对不同的致病原因研发疫苗或者药物，应该也是诺贝尔奖级别的工作。但是，几十年来引起激烈争论的原因就是，他发现的 Virus 与巴黎实验室发现的 LAV 有着其巨大的相似性，很有可能就是同一种病毒！1993 年，一个华人科学家在《Nature》上发表文章称，他在盖洛分离的 HTLVIII 病毒库中，检测到了 6

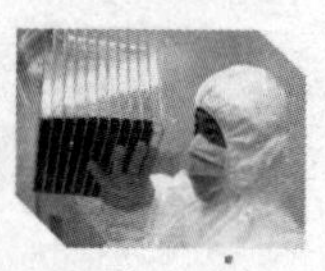

种 HIV 病毒，但没有一个是和盖洛的 HTLIII 相同的，而在一个被污染了的 M2T－/B 细胞中检测到了 HTLVIII 的突变形式，并且这株 M2T－/B 细胞正是从蒙塔尼处得来的！这就说明很有可能盖洛使用的 M2T－/B 细胞中污染了蒙塔尼的艾滋病病毒，盖洛的发现其实就是蒙塔尼已经报道的东西。

虽然诺贝尔奖委员会认定巴尔·西诺西和吕克·蒙塔尼是 HIV 病毒的发现者，也许盖洛并不是第一个发现该病毒的人，但是盖洛的研究证实了 HIV 是导致 AIDS 疾病的病毒。他是世界上第一个建立了在细胞系上培养 AIDS 病毒方法的人，并且发明了 AIDS 的血液检测，也就是现在通过普适的直接血液化验就可以知道 AIDS 阳性阴性的方法，极大地推进了艾滋病的科学治疗。

相关链接——美国国立卫生研究院

美国国立卫生研究院（The National Institutes of Health，NIH）是美国也是全世界最大的生物医学研究机构。该机构由下属的 27 个独立研究所和研究中心组成，总部位于马里兰州的贝瑟斯塔，占地近 2000 亩，拥有 75 座建筑，资产上百亿美元。

作为世界最具影响力的医学研究和管理机构之一，美国国立卫生研究院的任务是探索生命本质和行为学方面的奥秘，并充分运用这些知识延长人类寿命，预防、诊断和治疗各种疾病和残障，从极罕见的遗传性疾病到普通感冒均在其研究范围内。在 NIH 工作过或接受过 NIH 资助的有许多是世界最著名的科学家和医生，他们中有上百位曾荣获过诺贝尔奖。

HIV 病毒

艾滋病病毒是人类免疫缺陷病毒。一个人感染了 HIV 病毒以后就开始攻击人体免疫系统。人体免疫系统的一个功能是击退疾病，HIV 削弱了免疫系统，人体就会感染上机会性感染病，如肺炎、脑膜炎、肺结核等。一旦有机会性感染发生，这个人就被认为是患了艾滋病。艾滋病是获得性免疫缺陷综合征。艾滋病本身不是一种病，而是一种无法抵抗其他疾病状态的综合征状。人不会死于艾滋病，而是会死于与艾滋病相关的疾病。

预防艾滋病

艾滋病传染主要是通过性行为、体液的交流而传播，还有母婴传播。体液传播主要有：精液、血液、阴道分泌物、乳汁、脑脊液和有神经症状者的脑组织传播。其他体液中，如眼泪、唾液和汗液，存在HIV病毒的数量很少，一般不会传播艾滋病。唾液传播艾滋病病毒的可能性非常小，所以一般接吻是不会传播的。但是如果健康的一方口腔内有创口，同时艾滋病病人口内也有破裂的地方，双方接吻，艾滋病病毒就有可能通过血液而传染。汗液是不会传播艾滋病病毒的，艾滋病病人接触过的物体也不可能传播艾滋病病毒，但是艾滋病病人用过的剃刀、牙刷等，可能沾有少量艾滋病病人的血液，如果和病人共用个人卫生用品，就可能被传染。一般的接触并不能传染艾滋病，所以艾滋病患者在生活中不应受歧视，如共同进餐、握手等都不会传染艾滋病。艾滋病病人吃过的菜，喝过的汤是不会传染艾滋病病毒的。艾滋病病毒非常脆弱，如果它离开人体暴露在空气中，没有几分钟就会死亡。艾滋病虽然很可怕，但该病毒的传播力并不是很强，它不会通过我们日常的活动来传播，也就是说，我们不会因接吻，握手，拥抱，共餐，共用办公用品，共用厕所，游泳池，共用电话，打喷嚏等而感染，甚至照料病毒感染者或艾滋病患者都不会被传染。

广角镜——红丝带

20世纪80年代末，人们视艾滋病为一种可怕的疾病。美国的艺术家们就用红丝带来默默悼念身边死于艾滋病的同伴。在一次世界艾滋病大会上，艾滋病病人和感染者齐声呼吁人们的理解。此时，一条长长的红丝带被抛在会场的上空，支持者将红丝带剪成小段，并用别针将折叠好的红丝带标志别在胸前。红丝带像一条纽带，将世界人民紧紧地联系在一起，共同抗击艾滋病，它象征着我们对艾

滋病病毒感染者和病人的关心与支持，象征着我们对生命的热爱和对平等的渴望，象征着我们要用“心”来参与预防艾滋病的工作。

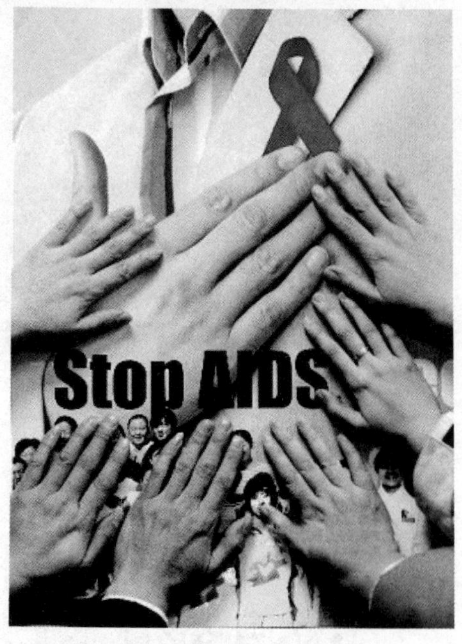

▲全人类一起防控艾滋病